不再辜负你的梦想

表现自己

李宇晨 编著

煤炭工业出版社
·北京·

图书在版编目（CIP）数据

不再辜负你的梦想．表现自己/李宇晨编著．--北京：煤炭工业出版社，2018

ISBN 978-7-5020-6497-6

Ⅰ．①不…　Ⅱ．①李…　Ⅲ．①成功心理—通俗读物
Ⅳ．①B848.4-49

中国版本图书馆CIP数据核字（2018）第037033号

不再辜负你的梦想
——表现自己

编　　著　李宇晨
责任编辑　马明仁
封面设计　浩　天

出版发行　煤炭工业出版社（北京市朝阳区芍药居35号　100029）
电　　话　010-84657898（总编室）
　　　　　010-64018321（发行部）　010-84657880（读者服务部）
电子信箱　cciph612@126.com
网　　址　www.cciph.com.cn
印　　刷　永清县晔盛亚胶印有限公司
经　　销　全国新华书店

开　　本　880mm×1230mm $^{1}/_{32}$　印张　$7^{1}/_{2}$　字数　200千字
版　　次　2018年5月第1版　2018年5月第1次印刷
社内编号　9377　　定价　38.80元

前　言

总有很多人觉得表现自己就是不谦虚，就是爱出风头，于是，他们甘愿让自己的才华随着自己的年龄一起慢慢老去，最后像那匹“辱没于奴隶人之手，骈死于槽枥之间”的千里马一样，不被众人所知，也从来没有得到施展自己能力的机会。或许他们也曾哀叹自己命运的多舛，以至于终其一生都怀才不遇。可是他们却从来未曾想过，自己的命运之所以会如此多舛，就在于他们没有把自己表现出来。既然没人知道他们具有什么样的能力，又怎么会为他们提供机会呢？

很多人总以为，只要自己有足够的耐心去等待，机会总有一

天会敲响自己的大门的，可是他们却未曾意识到，这样的等待是毫无意义的，因为根本就没有人会在意到你的存在和价值，如果你不把自己表现出来的话。其实，与其等待机会来敲自己的门，倒不如自己去敲机会的大门。虽说世界上是先有伯乐，然后才有千里马的，但毕竟“千里马常有，而伯乐不常有”，为了不至于让自己随草木同朽，何妨走到伯乐面前一展自己的能力呢？

很多时候，人们为什么会失败，只是因为不懂得转变自己固有的观念，这也是人的最大悲剧，不能超越自我。

目 录

第一章

学会表现自己

|第二章|

好心态才有好表现

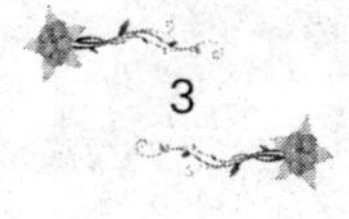

|第三章|

显示出你的风度

|第四章|

表现你的交际能力

|第五章|

你须具备的能力

|第六章|

表现才有更好的自己

第一章

学会表现自己

竞争环境需要表现

生物学家曾做过这样一个有趣的试验：把一只青蛙放到煮沸的锅里，它马上奋力一跃，跳出了热锅；可是要把它放到冷水锅里，然后在下面慢慢加热，它就一副若无其事的样子，直到被煮熟为止，都未有尝试跳出去的举动。这就是著名的“温水煮青蛙”理论。

这是为什么呢？原来当青蛙骤然受热之时，它的头脑中立刻会意识到危险的存在，于是马上逃了出来；可是当把它放到冷水锅里后，由于水温是慢慢升高的，开始根本就意识不到危险在逼近，当意识到时，它已经变得很虚弱，无法动弹了。

通过这个事例，我们很容易得出这样一个结论：突如其来的危险往往能引起警觉，并使我们及时地采取措施，迅速地逃离出危险的境地；可那些不易察觉的危险，却很容易因麻痹大意而被忽略，直至无可挽回的地步。其实，人在很多时候也如同那只被放在温水锅里的青蛙，总是得过且过，感觉不到周围环境的改变，总是跟着众人的步伐，认为大家都做自己就跟着做，要是大家都不去做，自己也不去充当出头鸟。殊不知，在这样的一种心态之下，不仅不会做出任何的成绩，恐怕连现在的状况都不能维持。世界上的事情永远都是不进则退的，因为周围的环境是时刻都在变化着的，你若不能相应地做出改变，只能被环境所改变，而这种改变的结果只能是越来越糟。

人们经常把商场比作是不见硝烟的战场，其实职场中的竞争比商场上更为激烈，尤其是在这样一个人口众多的国家里。曾有人做过这样的一个统计：北京公交车一天的客流总量比冰岛整个国家的人口总数还要多。

在2002年的时候，全国普通高校的毕业生人数为145万人，到2004年的时候，这个数字已经增长到了280万人；2005年为338万人，而2007年全国普通高校的毕业生人数竟然达到了495万人。可是与此同时，社会上的就业机会却并没有增加多

少，于是常常出现上百人竞争一个职位的情况。有记者对2007年河南省的大中专毕业生就业双向洽谈会做了报道，报道中描写了这样一副场景：应聘者们蜂拥而入，入口处的玻璃大门被挤碎了好几扇，甚至连滚动电梯的扶手都被挤坏了，电梯不得不停止运行，为了维持秩序，保安和主办方的工作人员全部出动了。

面对着如此激烈的竞争环境，如果你仍旧把自己隐身于众人之中，不积极地表现自己，不要说实现自己的抱负了，恐怕很难逃脱被淘汰的命运，以致连生存都会成了问题。

这是一个不争的事实，在职场中，并非只要有出众的能力就一定能找到好工作。原因很简单，在就业机会少而就业者众多的情况下，能力出众者大有人在，你不一定是最好的。即便你的能力确实比所有人都要出色，可若没有表现的勇气，招聘者又从何知道你能力出众呢？因此说，无论你条件多么好、学历多么高，如果没有竞争意识，不懂得如何把自己推销出去，那就只能接受被埋没的命运。

要想实现自己的人生价值，在职场中就要有一片属于自己的天地，这是实现自我价值的平台，而要做到这一点，首先就应该立足于职场。如果不能在职场上找到立足之地，一切都只

能是无稽之谈。可以说，在目前这种环境之下，每个人都要把竞争意识注入到自己的头脑中，知难而上，积极地把自己优秀的一面表现出来。

把竞争意识注入到头脑之中，不只是针对那些刚刚走出校门的毕业生，或者在事业上稍有起色的人，即便是那些已经取得成功的人，也应该拥有强烈的竞争意识。

比尔·盖茨在31岁的时候，已经成为世界上有史以来最年轻的亿万富翁；37岁时成为美国的首富；39岁时身价超越了股市大亨沃伦·巴菲特，成为世界上最富有的人。可是尽管如此，他也并没有放弃竞争的意识，他对员工说：“距离微软破产永远只有18个月。”虽然微软现今已是IT业的翘楚，可盖茨对于发生的每件事都要思考：“是不是做错了什么？如何才能做得更好？”

可以说，竞争意识是每个人都不能缺少的，没有了竞争意识，也就等于把自己划入了平庸的范畴之中。一个人职业的生涯成败，不完全取决于学历和个人素质，这些只是基础，凌驾其上的是竞争意识。即便你与他人的起点是相同的，但你勇于表现自己，拥有强烈的竞争意识，你就能够脱颖而出，使自己处于优势地位，职业生涯也能因此更加顺畅。

很多人在面对激烈的竞争时，总感觉自己不如别人，因此

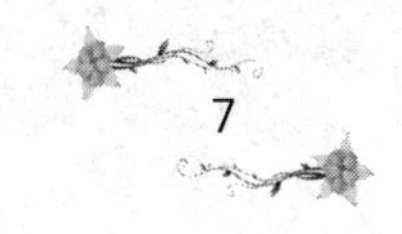

就怯于表现自己，更不要说跟别人竞争了。其实，这种想法是错误的。诚然，要想在职场中找到自己的立足点，首先就要对目前职场的大环境做出实际的估测，但这并不应该成为自卑的理由。要知道，弱小者也有弱小者的生存方式，即使自己的能力现在确实有所不足，但也并不代表永远会这样。只要你肯把自己优秀的一面表现出来，为自己在职场上赢得一席之地，以后的发展谁又能断定呢？

莫纳汉从小就是一个具有强烈竞争意识的人，无论是拼图游戏、打乒乓球还是玩弹球，他都要比伙伴玩得出色。长大之后，他创办了多米诺比萨饼公司，并经过多年的努力，使之成为世界上最大的比萨饼外卖公司。多米诺比萨饼公司之所以能有如此好的业绩，在很大程度上得益于莫纳汉勇于竞争、善于竞争的精神，他也因此成为世界第一流的企业家和创新预见者。

其实，这个世界上并没有天生的强者，那些成功人士之所以能够成为强者，就在于他们拥有强烈的竞争意识，敢于表现自己，而这也并非是与生俱来的。开放在山谷里的花并非天生只有在山谷里才盛开，把它移植到花园里依旧会怒放。同样，没有任何一个人是天生就不善于表现自己的，只要你把自己的勇气拿出来。

性格决定了你的表现

就如同一株植物从种子的胚胎里生长出来一样，一个人的行为表现，在很大程度上会受到其性格的影响。不同的种子孕育出不同的植物，同样，不同的性格也决定了你会有什么样的行为表现。

关于人类性格的划分，瑞士的心理学家古斯塔·荣格将其分为两类，一类是内向型，一类是外向型。每个人在潜意识当中都有一种“精神能量”，这种能量所处的趋向向外，呈现出来的就是外向型性格；能量趋向于内，呈现出来的则是内向型性格。具有外向型性格的人，对外界事物有着很强的好奇心，

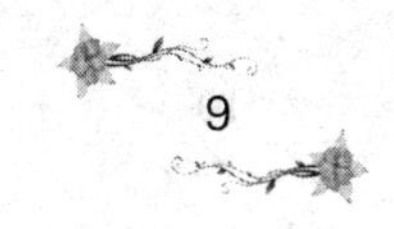

不善于掩饰内心的情感，独立性很强，善于交际，办事果断、历练；而具有内向型性格的人，则一般表现出稳重、沉静的特点，情感深沉而不外露，处事谨慎、细致，不善于与人交际，适应环境的能力比较低，总会有太多顾虑。因此，这类人不具备攻击力，甚至在各种场合中经常会退缩不前。

一个人具有什么样的性格，就决定了他会以怎样的一种态度来面对生活。这种因性格不同而导致的态度上的差异，对于工作和人际交往会产生很大的影响。一般来说，具有内向性格的人相较于性格外向的人来说，在职场中会有更多的消极因素。例如，性格内向的人大都不喜欢在众人面前表现自己，因此也就少了凸显自己能力的机会；遇到不高兴的事时，宁愿自己一个人去默默承受，也不愿意找人倾诉，于是也就很难被别人了解。这类人总会给人一种距离感，难以接近，也就不会有很好的人脉。

小肖是一名银行职员，工作已经很长时间了。由于从小父母就对她要求很严厉，致使她养成了内向的性格，平时不大喜欢说话，身边也没有什么朋友。在工作中，小肖也因为自己的这种性格，错失了很多晋升的机会。她也曾痛下决心要改变自己的这种内向性格，可是每当事到临头的时候，她总会感到紧

张、犹豫，这也让她觉得很苦恼。

王丹是大学三年级的学生，眼看着再有一年就要走出校门参加工作了，很想提前出去历练一番，可心里老打退堂鼓。王丹属于性格内向的人，与人交往时总是很拘谨，大学三年了，除了宿舍里的几个室友外，她几乎没有跟其他同学有过往来，为此很怕自己将来走上社会会不适应。

在现实生活中，很多人都像小肖和王丹一样，害怕表现自己，害怕惹出笑话，害怕自己会因此很尴尬。其实，这些人的想法都是错误的，不能因为害怕就拒绝表现，这无异于因噎废食。何况现在的竞争环境如此激烈，那些整天想方设法推销自己的人都很难找到好的职位，若你只蜷缩在角落里，又有谁会来问津呢？因此说，表现自己不仅是我们生活中的需要，更是生存环境的需要。其实，把自己表现出来并不是一件很难的事情，只要一点儿自信加一些勇气就可以做到了。没有人天生就注定生在阳光下，也没有人注定只能生长在阴暗的角落，上天是公允的，阳光是无私的，可前提是你必须自己从阴暗里走出来。或许在刚开始的时候，你会因为信心的不足而表现得不是很好，但是没关系，慢慢就会从容起来，进而达到一种应付自如的境地。世界上的任何事情都需要一个过程，就像春天里开

放的每一朵花也都是经过严寒才孕育出来的。

当然，这里所强调的表现自己，并不是强迫自己去做一些不喜欢或者不擅长的事情，而是强调发现自己的表现潜能，并在此基础上对自己进行不断地突破，超越原来的自己。具体的做法就是多参与一些社交活动，当需要发表自己的见解时不要犹豫，也不必去想这个见解是否成熟，平时多尝试着和周围的人接触、交往。工作之余，可以和同事聊聊天，或者开几句无伤大雅的玩笑，休息的时候可以邀请同事、朋友吃午饭，或者一起喝杯茶。

对于性格内向的人来说，或许向别人发出这样的邀请会觉得很难为情，甚至害怕被拒绝，其实这完全是自己的心理在作怪，没有人不希望被了解。只要你勇于突破自己性格的局限，从一些小事情做起，变被动为主动，你就会发现，呈现在你面前的将是另外一幅亮丽的风景。

另外，对于性格内向的人来说，要想走出自己生活中的阴影，首先一定要在内心里接受并肯定自己。只有让自己的内心拥有一种平衡和愉悦的心态，才能够发现并发展自己的优点，进而使得羞怯感逐渐消失，一种强有力的自信便会油然而生。

人的性格并不是天生生就的，完全可以通过内部环境和外

部环境的相互作用而改变，因此，具有内向型性格的人只要能够积极地去适应环境，并正视自己在性格上的弱点，拥有改变自己的决心和勇气，就一定能为自己赢得成功的机会。

沉默不一定是金

长久以来，很多人都信奉“沉默是金”这句语，殊不知，就是因此很多人终生只能碌碌无为，失去了一展抱负的机会。诚然，在一定的时候信奉“沉默是金”可以避免很多麻烦，但它也并非是百试不爽的灵丹妙药，尤其是在现今这个竞争异常激烈的职场之中，你一旦选择沉默，也就代表了你选择了无所作为。曾有人对成功者和失败者之间进行了调查对比，发现那些成功者都具有一个共同点，那就是他们都善于表现自己，也许所用的方式不一样，但他们都属于勇于表现自己且积极表现自己的人；而那些失败者，或许导致他们失败的原因有很多，

但归根结底都是因为他们不善于表现自己，甚至不懂得如何表现自己，尤其是自己优秀的一面。

在一些演讲现场，我们经常会看到这样的情形，当演讲者提问“有没有人可以答出这个问题”的时候，坐在下面的很多人本来都知道答案，可是却很少有人愿意站起来说出答案。究其原因，就是因为他们害怕别人说自己爱出风头，更不习惯别人用一种奇怪的眼神来注视自己。可那些杰出的人物却并不这样认为，相反，他们似乎很喜欢让别人觉得自己爱出风头，也喜欢人们用奇怪的眼神来注视自己，他们坚信总有一天别人会改变看法，于是，他们就真的通过自己的行动改变了人们的看法。

所有成功人士都有一个共识，那就是人既然存在于这个世界上，就一定要有所表现，也只有有所表现，才能使自己在众人之中脱颖而出。因此，他们总是积极地表现着自己：在学校时，他们积极表现自己让老师看到；找工作时，他们积极表现让公司聘用自己；在工作中，他们努力工作，积极表现自己的能力，得到同事和上司的认可；在生活中，他们也积极地把自己表现出来，让更多的人了解自己，接近自己。可是失败者却并不这样认为，更多的时候他们宁愿放弃唾手可得的机会，也不愿意表现自己，在工作和生活中也完全是一副随遇而安的样子。

成功者深知，他人只能从自己提供给他的信息里了解自己，于是，他们总是很坦诚地向他人提供自己积极方面的情况，让对方知道自己是一个能干、敏锐、认真负责的人。失败者却固执地认为，任何宣扬自己的言行都无异于自吹自擂，是应该遭到鄙视的，他们甚至认为那些夸夸其谈的人都一知半解，而那些保持沉默的人才是真正优秀的人。

尽管成功者的心里也怕被人否定，但这并不能成为使其沉默的理由，他们更相信，即便说出的话文不对题，或者没有收到自己预计的效果，但完全可以在讲出之后再加以纠正。失败者通常不敢在众人面前表达出自己的想法和意见，在说话之前，他们总是在心里把要说的话斟酌了再斟酌，可是在说的时候又觉得不值得为人道，患得患失，于是便哑口无言。

对于家人、朋友和同事，成功者总是能够做出积极的反应，也总能够大度地承认别人比自己优秀的地方，坦然面对自己的缺点和不足；失败者对于他人的特长和可贵之处却总是难以接受，更不要说大度地予以承认和肯定了。仿佛这样做，就会伤害到自己的自信心和自尊心，因此他们总是不能和他人其乐融融地相处。

成功者虽然对自己的长处进行宣扬和夸耀，但并不表示不

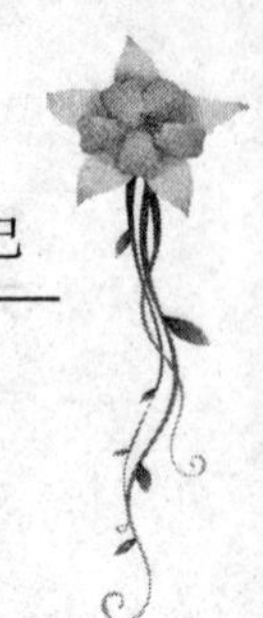

懂得关心体贴他人，他们只是尽自己最大努力让别人了解自己的价值；失败者总是用一些消极的方式来表现自己。比如与别人初次会面时，他们似乎非要把犯过的错误统统摆出来不可，以至于留给对方的印象就是：这个人实属笨蛋，所犯的错误太多，根本无须重视。

成功者总是很在意自己诸多方面的形象，并且一直寻求改进，比如，与人交流的技巧，发型衣着，知识和能力等。他们为此总是肯下功夫，希望通过改变自己以增强自信心，取得别人的赞同、承认和夸奖；失败者却认为诸如衣着发型都是些表面上的东西，无关紧要，重要的是自己的内心，因此对于修饰仪表等方面深感厌恶，更不愿意为此而做出改变。

在事关重大的场合，成功者尽管也感到情况紧张，有可能会遭到屈辱，但决不气馁。他们总是尽可能以最有利的方式展现自己，积极主动地寻找扭转局面的机会；失败者面对这样的场合，总显得犹豫不决，他们心里总有一种愧疚的感觉，似乎在告诉大家："我一点把握都没有。"因此，总会给人一种不牢靠的感觉。

其实，积极地把自己表现出来是一种生活方式，而一味地沉默也是一种对待生活的方式，与其唯唯诺诺地做个失败者，

还不如拿出勇气，积极地把自己表现出来，即便表现出来的是缺点，可也正是因此才能得到提高和改进，而自己也才能不断地在表现自己的过程中得到锻炼，积累足够的信心和勇气，进而获得更多成功的机会。

增强内心的表现欲

一个人是否能取得成功，或者所取得的成绩有多大，虽然离不开个人的能力，但这并不是关键的因素，关键因素在于他是否把自己的能力充分地表现了出来。可以说，一个人将自己的能力表现得越充分，就越接近成功，所取得的成绩就越大。其实，每个人都想把自己的能力充分地展现出来，可是却很少有人能够真正做到，究其原因，就是因为在他们的内心没有强烈的表现欲。

所谓表现欲，就是人们有意识地向他人展示自己的欲望。相对于现代人来说，要想在工作中做出成绩，进而使自己的职

业生涯更进一步，就必须积极地增强自己内心的表现欲望。

有位年轻人大学毕业之后，到一所学校教书。由于经验不足，而且对学校的情况也不是很熟悉，工作起来很不顺利。但他并未因此退缩，他相信只要经过自己的努力，一定可以将不利的局面打开，而且他也相信自己有这个能力。于是在他的主动要求下，学校让他担任了一个差班的班主任。为了把这个差班带好，他认真备课，经常给学生补课，还去学生的家里进行家访，以平等的方式和孩子们进行交流。就这样，半年过去了，在学校的期末考试中，他带的差班学生成绩普遍得到提高，还有两名学生考进了全年级前十名，他也因此受到学校领导、同事和学生的好评。

由此可以看出，表现出自己的能力不仅可以使工作业绩不断得到提升，也是工作中的基本要求。内心表现自己的欲望也并非是与生俱来的，它主要来自于平时积极的尝试和锻炼，只有充分发挥出了自己潜藏着的能量，你才会发现原来积极表现自己之后会有这么多的收获。

1.积极的表现欲是驱使自己前进的动力

我们一再重申，一个人能不能得到重用不一定与他的能力

有关，很大程度上取决于他是否在适当的场合里展现出了自己的才能。也就是说，即便你能力超群，也要表现出来，让更多的人知道并了解，不然即使身怀绝技，也只能遭到被埋没的下场，无人问津。因此，那些有着积极表现欲望的人总是不甘寂寞，总是寻找各种机会争取在人生的舞台上唱出自己的声音，让更多的人认识自己，让伯乐来选中自己，让自己的才干能在一个更大的平台上充分发挥。现在的职场上，每个人都只有把自己推销出去，才会得到发展机会，而要做到这一点，首先内心里就要有一股积极表现自己的欲望。

一家公司新招聘来三位大学毕业生，其中一个叫王远的男生有着极强的表现欲，工作中敢想敢做，事事都赶在别人前面，而且很有责任心。没过多长时间，他就成为了公司领导眼中的人才，把几次重大公关活动交给他负责。他也不负众望，很好地完成了工作，为新项目打开局面作出了贡献。于是，年底的时候，他就被任命为公司最年轻的经理。可是与他同来的两位毕业生却没得到这么好的机会，尽管他们在学校时的成绩很突出，有着很强的能力，但却因没有出众的表现，以至于一直没能得到像王远那样的机会。就这样，他们之间的距离渐渐

被拉开了。

因此说，在职场中能否获得成功，个人表现欲的强弱是一个重要的制约因素。尤其是在这个市场竞争的年代，缺乏表现欲的人很难被领导认可，更不要说得到发展和提升自己能力的机会了。

2.机遇青睐能积极表现自己的人

表现欲强的人，通常都有着广泛的交际面，也因为他们认识的人多，信息灵通，于是得到的机会相应就多。只是需要注意的是，人的表现欲有积极与消极之分。如何加以区别，关键在于把握自我表现的动机和分寸。假如一个人之所以要表现自己，只是为了显示自己，压倒别人，为了抢风头而贬低别人，突出自己，甚至还做一些小动作，这种表现欲就属消极的范畴了，而且最终的结果不但不能达到自己想要的效果，反而会招来他人的反感，使自己成为众矢之的。只有选择与自己性格相一致的表现形式展示自己，参与竞争，才是积极的表现欲，也才有利于实现自己的人生价值。

3.能力可以在积极表现自己中获得

一般说来，要想使自己拥有强烈的参与意识和竞争观念，就一定要有旺盛的表现欲。这类人能以积极的心态看待自己，

并视当众表现为乐趣和机会，他们总会主动寻找场合来表现自己，有与强手展开公开竞争的勇气，因此也就比一般人多了参与实践的机会。例如，公司里召开会议，表现欲强的人常常主动发言，发表自己的见解。也许他们所说的这些见解并不正确，也不成熟，但是他们敢说出来与各种意见相比较，如此不断实践，思想水平和演说口才就会得到锻炼，得到长足的提高。

而且表现欲强的人，都有着较高的追求，也很注意自我形象的塑造。为此，他们必然就会以此为动力，努力工作，勤奋学习，不断充实自己，从而使自己的能力得以不断提高。

敢于表现才能赢得机会

生活中的很多人都有这样一种感觉：那些成功人士之所以成功，就在于他们抓住了难得的机会，只是可惜的是，这样的机会一次也没有在自己的身边出现过！当真是这样吗？恐怕不尽然。我国改革开放以来，给每个人都带来了成功的机遇，可惜成功者却凤毛麟角。其实，机遇对于每个人来说都是平等的。而之所以有的人能够牢牢地抓住，就在于他们积极地表现自己。可惜更多的人却并没有把自己表现出来，致使因为种种原因错失了大好的时机。

俗话说“世有伯乐，然后有千里马”，由此可见，一匹马

即便有日行千里的能力，如果不能被伯乐发现，如果没有一个在众人面前施展的机会，也只能拉着沉重的炭车艰难地跋涉在太行山上。道理是相同的，一个人的能力无论多大，也必须首先找到一个施展自己的平台，而要找到这样的一个平台，就必须让伯乐来发现自己，机遇无疑就是我们人生中的伯乐。可是世间“千里马常有，而伯乐不常有”，因此，只有通过积极地表现自己，才能使伯乐发现自己。

当然，积极地表现自己的前提是，你是一匹千里马，也就是具备一定的实力。不然，即便把伯乐吸引来了，最后人家也只能失望地离去。很多人都把能力、学历比作是敲门砖，那么机遇就应该是那扇要敲开的门，但是光凭个人的能力和学历是敲不开这扇门的，还必须勇于表现出你的能力。

一个很抢手的岗位，有几十个大学生竞争，最后却被一个中专生争取到了，这样的事情可以说不乏其例。与大学生相比，中专生的能力也许不是最突出的，为什么会被他竞争到呢，就在于他善于表现自己，敲开了机遇那扇门。

古往今来，那些能够抓住机遇的人，都是善于表现自己的人，如战国时期的冯谖、毛遂、曹刿等，可以说，如果当初这些人没有积极表现自己，恐怕他们的才能也只能被埋没。

秦将白起在长平一战大胜赵军之后，乘胜追击，包围了赵国的都城邯郸，值此国家生死存亡之际，平原君奉命前往楚国求救。临行前，平原君把众门客召集起来，决定从里面挑出20人随自己同行。结果挑了又挑，选了又选，还缺一个人。此时，一个叫毛遂的人走上前来，对平原君说："听说您要出使楚国，签订'合纵'盟约，打算从门客里挑选二十人一同前往。现在还少一个人，先生就把我也带去吧！"

平原君闻言，说："先生在我的门下已经几年了？"毛遂回答："已经整整三年了。"平原君说："我听说，贤能的人在众人之中，就好比是一把锥子放在囊中一样，它的锥尖立即就要显现出来。可是先生在我的门下已经三年了，并没听到有人对你进行赞语，如果今天您没站出来的话，赵胜都不知道先生屈居在我的门下，由此可见，先生的才能还不够啊，这次就请留下吧，不要一道前往了！"毛遂对此却很不以为然，说："我之所以没能从囊中凸出来，只是因为您从来没把我放到囊中。如果早把我放在囊中的话，不要说锥尖了，恐怕连锥子把也早凸出来了。"

平原君听完之后，觉得也有道理，便带毛遂一同前往楚国。

到了楚国之后，楚王在鹿台上召见了平原君。可是对于出兵救赵的事，两个人一直从早晨谈到中午，仍旧没有结果。毛遂大步跨上台阶，大声说道："出兵本来就是非利即害，非害即利，这么简单的事，为何议而不决？"楚王听了非常恼火，问平原君："这个人是谁？"平原君答道："这个人叫毛遂，是我门下的一个食客！"楚王听了更加怒不可遏，大声喝道："赶快滚下去！我和你的主人说话，哪里有你插嘴的份儿？"谁知毛遂不但没有退下，反而向前紧走了几步，手按宝剑对楚王说："大王之所以敢在我主人的面前这样呵斥我，就是因为这是在楚国，可是如今十步之内，大王的性命却在我的手中！我听说汤以七十里的地方统一了天下，周文王以百里的土地使诸侯臣服，难道他们所依靠的是人多吗？其实是他们能够凭据自有的条件而奋发他们的威势所致。当今天下，楚国是最强大的国家，土地方圆五千里，持戟的士卒有上百万，可是却被白起，一个默默无名的小子，率领几万兵士，一战拿下鄢、郢，二战烧掉夷陵，三战侮辱了大王的祖先。这是百代的仇恨，就

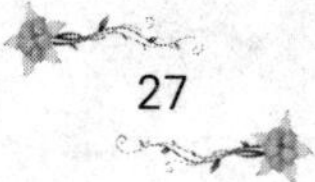

连赵国都感到羞辱。况且‘合纵’这件事，根本上是为了洗刷楚国的耻辱，并不是为了赵国呀！”

楚王听后深以为然，于是说：“确实如先生所说的，我愿意拿社稷来订立‘合纵’盟约。”

回国之后，平原君待毛遂为上宾，并很感叹地说：“毛先生一到楚国，就使赵国的威望高于九鼎和大吕。毛先生的三寸之舌，强似上百万的军队啊！”

其实，古今的道理是相同的，尤其是在现今这个人才济济的职场中，相互之间的竞争如此激烈，如果你不敢于表现自己，就只能被人群淹没。

有表现才有成功

“哪里有成功，哪里就有表现。”这并不是一句口号，现实生活中很多成功的案例都证明了这句话的正确性。

“疯狂英语”创始人李阳曾经是一个非常内向的人，甚至内向到了不敢见陌生人，不敢去电影院看电影，就连做理疗时被仪器漏电灼伤了脸也不敢出声。后来，他考进了兰州大学工程力学系，可是学习成绩却不是很理想，尤其是英语，连续两个学期都没有及格。到了大二下半个学期，有13门功课不及格。为此他觉得很丢人，决心要改变这个局面！于是他选择了英语作为突破口，发誓要通过四个月后举行的国家英语四级考试。

开始的时候，李阳也像别人那样，大量地做习题，可效果却不是很显著，他感到很头疼。一次，李阳忽然发现当自己大声朗读英语时，注意力会变得很集中，这让他大受启发，于是天天跑到校园的空旷处大喊英语。如此过了十几天，同学很奇怪地对他说：“李阳，你的英语听上去好多了。”就是这样一个小小的进步，更坚定了李阳“喊英语”的学习方法。他约了班里学习最刻苦的一个同学，一起去校园里的烈士亭，顶着凛冽的寒风，扯着嗓子喊英语句子。

四个月之后，在那次英语四级考试中，李阳只用了50分钟就做完了试卷，成绩公布出来，位居全校第二名。

很多人都觉得不可思议，而初次尝到成功甜头的李阳，也由此迈上了表现自己的成功之路。他发现，每当人在大声喊叫的时候，性格就会发生改变，自卑、害羞等弱点就会逐渐消失，精力更加集中，记忆更加深刻，自信也逐渐建立起来。

如今的李阳，说着一口地道的美式英语各处巡讲，有近亿人听过他精彩的讲学。他还应邀到日本、韩国讲学，可以说，李阳创造的“疯狂英语”已经风靡亚洲，使很多人受益良多。

李白在自己的诗句中高吟道："天生我才必有用"，事实上也的确如此，我们每一个人都是有用的，都能在社会上找到属于自己的位置，又都有收获成功的能力。也许国人受了太多中庸思想的束缚，因此不敢张扬自我，过于内敛，这在一定程度上诚然是一种美德，可是在职场上若被其束缚的话，就会磨灭掉我们的壮志和热情。作为一个现代人，需要的是那种豪气干云，敢为天下先的气概，是旗帜鲜明地表现自己的勇气。

丹尼斯·魏特利拥有行为学博士学位，是全球最顶尖的心理学专家，也是全美最受欢迎的演讲家之一。先后著有畅销书《成功之本》《成功契机》。他在谈起自己成功的经验时，说：我善于拿出自己最好的表现，让别人认识到我的价值。

成功人士都非常注重自我的表现。例如，拿破仑其貌不扬，个子很矮，在其他方面也算不上是最优秀的，但他知道自己的优势在哪里，也极愿意将其表现出来，因此受益无穷。他第一次被流放，法国军队受命来捉拿他，此时，大多数人都会溜之大吉，但他没有那样做，而是勇敢地出去迎接他们，并用自己的悬河之口说服了整个军队听从他的号令。

可以说，任何人的成功都离不开自我表现。因为成功很多时候并不是一个人就能够获得的，需要众人的帮助，而那种做

事总是瞻前顾后、唯唯诺诺的人，是没有人会喜欢的，更不要说对其进行帮助了。

道理其实就是这么简单，只要你敢于表现自己，你也就是一个敢于成功的人。没有任何人的成功是同自我的表现截然分开的，就像没有哪一种幸福不是在经历过痛苦之后才弥足珍贵的。

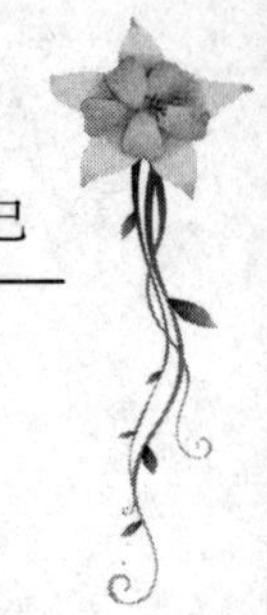

做好自己就是与众不同

有一天，一个国王独自到花园里散步，使他万分诧异的是，花园里所有的花草树木都枯萎了，园中一片荒凉。后来国王了解到，橡树由于没有松树那么高大挺拔，因此轻生厌世死了；松树又因自己不能像葡萄那样结许多果子，也死了；葡萄哀叹自己终日匍匐在架上，不能直立，不能像桃树那样开出美丽可爱的花朵，于是也死了；牵牛花也病倒了，因为它叹息自己没有紫丁香那样的芬芳；其余的植物也都垂头丧气，无精打采。只有非常细小的心安草在茂盛地生长。

国王问道："小小的心安草啊，别的植物全都枯萎了，为

什么你这小草这么勇敢乐观，毫不沮丧呢？”

小草回答说：“国王啊，我一点也不灰心失望，因为我知道，如果国王您想要一棵橡树，或者是一棵松树、一丛葡萄、一株桃树、一株牵牛花、一株紫丁香等等，您就会叫园丁把它们种上，而我知道您希望于我的，就是让我安心做小小的心安草。”

世界上并没有两片完全相同的树叶，也没有完全相同的两个人。每个人来到这个世界上，都有属于自己的位置和责任，我们需要做的仅是找到自己的位置站上去，然后像心安草那样，努力开放出一片属于自己的景色。

很多人都希望自己可以与众不同，于是就想尽各种办法来表现自己，希望能引起别人的注意，谁知结果往往是适得其反，不但没能引来别人的注意，反而引来了别人的厌恶。究其原因，就是因为他们没有认识到，只有做好自己，才能让自己显得与众不同，也才能为自己赢得想要的机会。

雨在一家公司工作了多年，可是久未得到重视，他感觉工作让他精疲力尽，而且还没有回报。有一天，雨和好朋友杰谈论起这个问题，雨愤愤地说道：“我要离开这个公司。我恨这个公司！”杰听完雨的抱怨，给了他一个建议：“你们公司的

确太剥削人了，难怪你老是闷闷不乐，我赞成你离开公司。但现在不是离开的最好时机，你应该有所准备之后再走。”

雨有些不解，杰接着说：“你现在手里的客户还不多，如果你现在走，公司的损失并不大。你应该趁着公司给你接触很多客户的机会，拼命为自己拉一些客户，成为公司独当一面的人物，然后带着这些客户突然离开公司，公司才会受到重大损失，非常被动。这样做你既能够报复公司，又能给自己的下一份工作奠定基础。”聊天之后，杰就去了外地出差，他们一直没有见面。

雨思量着杰的话，越想越觉得这种做法对自己很有利，于是就按杰说的话去做。将近一年的努力工作后，事遂所愿，他有了许多忠实的客户。他和杰再一次见面时，杰对雨说：“现在是时机了，要赶快行动！”雨却笑着说道：“老板前几天和我谈过了，现在的销售部总经理已经提出辞职，老板准备提升我，下个星期就能上任，那可是个销售部人人都想坐的职位啊，我暂时没有离开的打算。”

世界上，表现自己最佳的方式莫过于立足于自己的位置，努力地做好自己。当你在自己的位置上做出成绩的时候，所有的人都会注意到你的存在。

第二章

好心态才有好表现

别让自卑包围你

自卑犹如受了潮的火柴，终将燃不起奋进的火焰。而一个人一旦陷入自卑的包围，他的很多行动都会受到这种情绪的影响。自我表现对于一个自卑的人来说，就如同面对一座难以逾越的高山，即使准备得再充分，总会见高山而生畏，怯于向前迈去，因为自卑总会迎头浇冷水，使你的自信和勇气一下子跌入到万丈深渊中。

那么，在现实的生活中，自卑的人有什么性格特点呢？心理学家根据多年的经验和实践，归纳出以下几条：

1. 胆小怕事

做事情希望得到帮助或机会，可是又对获得帮助或机会充

满不确定的怀疑心理。

2. 对不高兴的事情总是记忆深刻

看到别人满怀热情地去做一件事时，总觉得不可思议。把前途看得一片暗淡，觉得生活毫无意义。

3. 抑郁

他们总是消极地看待未来，因此在他们的经历中几乎没有过欢笑愉快的经历。

4. 意志消沉

他们总是显得心情很沉重，原因是因为他们总是把没有解决的老问题、老矛盾背在身上，天天翻来覆去地念叨那些烦恼的事。

5. 敏感多愁

被自卑情绪长期包围的人，一方面会觉得自己不如别人，可另一方面又害怕被人看不起，于是逐渐养成了一种多愁善感、敏感孤僻的性格。

6. 不愿意改变

对于新鲜事物，他们总是不愿意去尝试，并始终抱着一种自怨自艾的态度。

7. 孤僻多疑

无论是对自己还是对别人，他们总显得信心不足。经常说的口头禅就是："事情这么重大，你能做得好吗？""估计我不行，从来没做过。"

8. 消极地看待问题

无论面对任何事情，总是往坏的地方想，仿佛世界上所有的失望和厄运都会被他遇到似的。

其实，没有人天生是自卑的，这完全是因为"某些善意但无知的人用'意见'和讽刺毁了他们的自信心"。因此，一个人的自卑情绪也不是不可清除，这完全在于我们对待自己的态度。

曾长期担任菲律宾外长的罗慕洛穿上鞋时身高只有1.63米。原先，他与其他人一样，为自己的身材而自惭形秽。年轻时，也穿过高跟鞋，但这种方法始终令他不舒服，精神上的不舒服。

他感到自欺欺人，于是便把它扔了。后来，在他的一生中，他的许多成就却与他的"矮"有关，也就是说，矮倒促使他成功。他说："但愿我生生世世都做矮子。"

1935年，大多数的美国人尚不知道罗慕洛为何许人也。那时，他应邀到圣母大学接受荣誉学位，并且发表演讲。那

天，高大的罗斯福总统也是演讲人，事后，他笑吟吟地怪罗慕洛“抢了美国总统的风头”。更值得回味的是，1945年，联合国创立会议在旧金山举行。罗慕洛以无足轻重的菲律宾代表团团长身份，应邀发表演说。讲台差不多和他一般高。等大家静下来，罗慕洛庄严地说出一句：“我们就把这个会场当作最后的战场吧。”这时，全场登时寂然，接着爆发出一阵掌声。最后，他以“维护尊严、言辞和思想比枪炮更有力量……唯一牢不可破的防线是互助互谅的防线”结束演讲时，全场响起了雷鸣般的掌声。后来，他分析道：如果大个子说这番话，听众可能客客气气地鼓一下掌，但菲律宾那时离独立还有一年，自己又是矮子，由他来说，就有意想不到的效果，从那天起，小小的菲律宾在联合国中占据了重要位置。

没有人是完美无缺的，总会在某些地方存在缺点，但这并不应该成为我们通往成功的障碍，如果能够正视自身的缺点，就如同罗慕洛那样，我们就会发现一个全新的境界，甚至有时候还是别人不能拥有的优势。

不同的心态决定了每个人行为方式的不同，从而又决定了一个人的行为表现。因此，当感觉自己陷入了自卑的包围时，

完全可以通过调整自己的心态来改变自己的情绪。对于自卑的人来说，可以通过下面三种方式改变自己。

首先，在走路的时候，要抬头、挺胸，尽可能使步子迈得有弹性。心理学家经过长时间的调查和研究发现，懒散的姿势和缓慢的步伐，容易使人滋生出消极的情绪；而改变走路的姿势和速度，却可以改变一个人的心态。

其次，抬起双眼，目光保持平视，眼神要正视别人。尤其是在与人交谈的时候，若不敢正视对方，则表示你有自惭形秽的感觉。而正视别人，则表露出你的诚实和自信。同时，正视对方也是一种礼貌的表现。

最后，要敢于当众发言。卡耐基说："当众发言是克服羞怯心理、增强人的自信心、提升热忱的有效突破口。"而这种办法也可以有效地帮助你克服自卑的情绪。试想一下，你的自卑情绪是不是总是在这样的情况下显现出来？其实，任何人当众讲话，都会感觉到害怕，只是程度不同而已。你需要做的就是，克制住自己的自卑情绪，勇敢地把自己要说的话说出来，不久之后你就会发现，你已经不再感觉害怕了，而此时自卑的乌云也在你的生活中消散开来。

相信自己才能做得更好

成功的第一秘诀是自信。如果你想要在工作中做出成绩，就一定要有足够的自信，相信自己完全有能力把事情完成，并且还能做得更好。自信是对自我能力和价值的一种肯定，更是一种积极对待生活的态度。人只有在肯定了自我的能力和价值之后，才会在大脑中建立起这样的一种思维模式，那就是相信自己一定会获得成功。在这种自我的心理暗示下，无论遇到怎样的挫折和困难，都会满怀信心地去面对，并想方设法最终将其战胜。

自古以来，那些失败者之所以没能成功，并不是因为他们

的能力不济，也不是由于时运不佳，而是因为他们在开始时就抱着一种“谋事在人，成事在天“的态度，一副听天由命的样子。世界上的事很多时候就是这样，如果你抱着一种不是很积极的态度去做，原本有希望也会变得毫无希望；而你若抱着一种不达目的誓不罢休的态度去做，情况可能就会完全改变，或许在经过不断地努力和尝试之后，你的眼前会豁然开阔起来。

在当今职场上，只有你先肯定自己，别人才会选择去信任并接受你，你也才能得到成功的机会。也许有的人会说，我没有什么突出的才能，也没有很高的学历，只是普普通通的一个人，怎么能够自信得起来呢？可事实上并不是这样的，出色的能力和很高的学历固然可以使一个人拥有自信，但却并不是产生自信唯一的途径，最直接有效的办法是通过提高自我的形象来增加自己的自信。因为良好的形象无疑就是在告诉自己和别人：我是一个优秀的人，是值得别人信任的。

可以说，在我们日常与人的交往中，个人形象是一个不容忽视的方面，它能真实地反映出你的审美能力、对自己的要求以及做事的态度。一个好的形象，不仅可以使你在别人的眼里变得自信满满，还可以为事业的发展锦上添花。一个坏的形象，不但会降低别人对你的评价，甚至就是自己也会对自己产

生怀疑，从而丧失自信，一个对自我价值都怀疑的人，又如何抓住机会，收获成功呢？

小高是一所名牌大学的毕业生。一直以来，他都是一个崇尚个性，并有着远大抱负的年轻人。走出校门之后，他一直认为以自己优异的成绩和聪明的头脑，一定可以迎接并战胜所有挑战，找到一份不错的工作。可谁知结果却并未像他所预料的那样，眼看其他同学都一个一个地找到了工作，而他却一次又一次地被拒绝于大门之外。如此多次之后，他也大致猜到了被拒绝的原因。原来在学校时，小高在穿衣方面就一直喜欢休闲风格，而且他认为，只有平庸之辈才会注重外表的修饰。因此，一直以来，对那些为了寻找工作而努力装扮自己的人，他总是嗤之以鼻，自己也从来没有想要在这方面有所改变。他一直觉得，真正珍惜人才的大公司是不会以外表来衡量应聘者的。为此他甚至还扬言，如果一家公司在面试时以外表来论人，即使请他，他也不会去。因此，即便一次次的失败让他倍感压力，可每次有面试的机会，他还是都穿着牛仔裤、T恤去，他坚持认为，这样正好反映出他过人的思想和才能。直到一次与同班同学一起面试的经历，彻底打垮了他的自信，也使

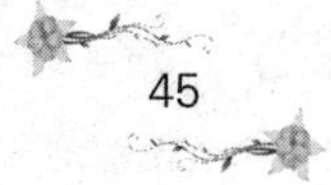

他对自己产生了怀疑。他的那位同学在校时的成绩并不突出，甚至还有几次不及格。与他相比，小高认为自己一定稳操胜券。可是面试的效果却让他很失望。他的那位同学一改学生时代的青涩模样，发型整洁，面容干净，西服革履，手中还提了个公文包，看上去俨然一副成功者的派头。面试出来之后，看着同学那副志在必得的样子，他忽然有种很不安的感觉。当他进入面试的会议室时，就见约有五六个人在那里坐着，全部是一身正装，看起来不但精明强干，而且气势压人。这让他觉得很不适应，因此在面试的过程中也变得信心全无，恨不得能找个地缝钻进去。最后，他可以说是很狼狈地离开了。为此他说："我的自信和狂妄一瞬间全都消失了，反而觉得自己以前的想法是多么幼稚可笑。"

无论一个人有多么出众的才华和能力，都不应该像上文中的小高那样，把自己的事业和前途当作赌注。为了尽可能地抓住那些不可多得的机会，把握自己无可限量的未来，就必须学会利用各种方法来表现自己，而不应该一味地孤芳自赏。尤其是在形象越来越重要的职场中，良好个人形象的塑造，可以使人在第一印象中就能对你产生信任，从而为自己赢得机会。小

高用他一次次的失败经历使我们明白，单凭满腹学识和聪明才干是远远不够的，必须用自己良好的外在形象来提高自信度，同时也传达给他人这样一个信息：你是有能力、有资格获得成功的。

一个良好形象的塑造，也就预示着你会有一个成功的未来。

要有表现的勇气

电影《蝙蝠侠·侠影之谜》讲述的是蝙蝠侠的前世主人公韦恩如何成为蝙蝠侠的。原来，韦恩在小时候不小心掉进了自家花园的一个地窖里，那里有很多的蝙蝠，受到惊吓之后都向他飞过来，这让他感到很害怕，并在心里留下了阴影，经常在睡梦中被蝙蝠吓醒。

对此，父亲安慰他道："知道人为什么要跌倒吗？"韦恩摇了摇头，父亲继续说："那是因为人要学会自己站起来。"

人在跌倒了之后，要学着自己站起来，学着勇敢地去面对恐惧，去面对困难。每个人的一生之中都有许多的不可知，

这经常会让我们摔跤，但可怕的不是摔跤，而是没有自己站起来的勇气，只是一味地害怕。一个人总要经历些什么，才可以使自己的人生变得充实而有意义。同样，对自我的表现也是一样，或许第一次的表现不是很好，但没关系，我们可以在第二次、第三次把自己更好地表现出来，只要勇气不减，我们就拥有追求成功的信心和可能。

刚刚大学毕业的小霞在一所中学任教。两年前，为了不再和丈夫过着天各一方的生活，她毅然辞去了公职，来到北京，在一家规划设计公司做文员。

刚参加工作不久，小霞就感觉到了自卑。原来，身边的同事几乎都毕业于名牌大学，自己来自小地方，文凭又不过硬，除了那张在大二时拿到的英语六级证书，她觉得自己一点儿优势也没有。

半年之后，公司接下了一所大学的园林绿化设计业务，特意从英国牛津大学请来知名教授做技术指导。可是问题又出现了，原来公司里大多数员工的笔译能力不错，但口语表达流利者却几乎没有。若找不到合适的人来给英国教授当翻译，工作就没法开展，这很让总经理着急。这时候小霞找到了总经理，

说自己可以试一试。总经理显得很意外，犹豫着问道：“你行吗？”小霞拿出自己的英语六级证书，还有参加英语比赛的获奖证书、为电视台录制的英语对外宣传片的配音，总经理才半信半疑地答应了。

接下来的每个双休日，小霞都在为这件事忙碌着，还买来了相关的光盘、书籍，并整天整天地泡在图书馆里，查阅有关园林方面的资料。一个半月之后，英国教授来到了北京。从他下飞机的那一刻起，小霞就全程陪同：谈判、会议、考察、指导，即使是难度比较大的技术问题，小霞也都翻译得丝丝入扣，最终使这项业务顺利地完成了。

经过这件事，总经理和同事都对小霞刮目相看，称赞她办事能力强。三个月后，小霞被任命为对外事务部主任。

从小霞的成功中不难看出，要想在工作中做出引人注目的成绩，就必须勇敢地把自己表现出来。从一定的层面上来讲，只有敢于表现自己，才能获得成功。或许以目前的能力来看，你还不足以胜任要做的事情，但不要紧，在勇敢表现自己的鼓舞下，你完全有能力提高自己的能力，就像小霞所表现的那样。

香港特区行政长官曾荫权20岁的时候，因为家境贫寒而辍

学，步入了社会。那时正赶上经济萧条时期，想要找到一份工作很难，更别说像他这样没什么经验的学生了。

一家知名医药企业刚刚贴出招聘科员的广告，就有大批的应聘者前来面试。招聘者对这些人一一编了号，曾荫权排在第30号。

不断有人满脸沮丧地走了出来，说："条件太苛刻了，必须有大学文凭和两年以上的工作经验，要不免谈！"门外的应聘者一听，不少人离开了。曾荫权知道自己也不符合条件，可是没走。

又有人走了出来，依旧满脸沮丧地说："一定要在25周岁以上！"又有不少人离去了。他继续耐心地排队等待。排在他后面的应聘者问："你没到25周岁吧？"他点头。那人说道："肯定不会被录用，还不如走掉算了！"他无动于衷，只是淡淡地说："机会难得，反正也来了，怎么也要试试看！"

结果，他的人生就因为这一句"试试看"的勇气而彻底改变了。本来从各方面都不符合条件的他，虽然未被这家公司招聘为科员，但招聘主管因他形象好口齿伶俐，而破格录用他做

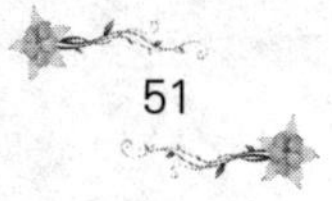

了一名药品推销员。就是在这份工作的基础上，这位毫无社会背景的年轻人，却凭借着他心里那份敢于尝试的勇气，一边卖药一边考公务员，短短十几年中，从一个普普通通的卖药仔，成长为香港政要。

1998年，亚洲金融危机爆发了，曾荫权果断地动用外汇储备干预股市，以过人的胆识和谋略捍卫了香港的金融体系。在很多场合上，很多人都会问他这样一个问题："你是不是靠运气才成功的？"对此，曾荫权说："从前人们都说从尖沙嘴坐船到中环几乎是不可能的，因为水流湍急，会把你带向大海。我不相信，试过一次，意外地发现虽然坐船到不了中环，但却可以到湾仔或西环，同样是很好的落脚点啊。凡事不要先断定结果，只要你有心尝试，不管是否如你所愿，生活总会给你惊喜！"

成功和失败往往只有一墙之隔：当那扇机遇的大门摆在面前的时候，很多人不是想着马上推门进去，而是盘算着自己的各种不足，计算着失败的可能，望而却步，最后转身离开。只有那些具有勇敢精神的人，才会推门而入，因为他们坚信，即便要面临的是洪水猛兽，满地荆棘，自己也能趟出一条新的道路来。而他们的生活，也就因此而变得不同。

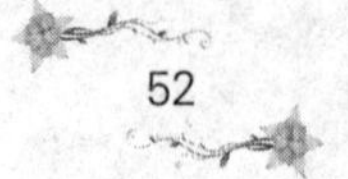

发现自己的优势

每个人都有优点和缺点，这是不可避免的。可有很多人往往过多地注意到了自己的缺点，并由此认定自己是一个无用的人，看不到自己的优点所在，感觉就如同安徒生童话里的那个丑小鸭。究其原因，就是因为这些人缺乏表现自己的自信。

在这个世界上，没有一个人是完美无缺的，同样，也没有一个人是一无是处的。其实，在我们每个人的身上都有着属于自己的闪光点，关键在于我们是否认识到了这一点，并将其挖掘出来。

在现在这个竞争激烈的职场上，一个人如果没有自己的优

势，就很难找到自己的立足点。那么，什么是优势呢？又该如何发现自己的优势，并将其得当地运用呢？所谓优势，就是自己擅长并且拥有的能力，主要指能够超越别人的特长。

一个人的优势往往是很难发现的，很多时候，它更像是潜藏在地底下的热能，只有在积累到了一定的程度之后，才可以在外力的作用下爆发出来。当一个人的优势得以爆发出来之后，往往能够创造出奇迹，只是在一般情况下，很多人根本就认识不到自己的潜在优势，因此也就难以施展。

日本有一个小男孩很喜欢柔道，一个著名的柔道大师答应收他为徒。可惜不幸的是，没过多长时间，小男孩就在一次车祸中失去了左臂。小男孩一下子变得消极起来，整天郁郁寡欢的。这时，那位柔道大师找到了他，并对他说："只要你想学，我依然会教你的。"小男孩听后很高兴，伤好了以后，就又跑去学柔道。

小男孩自知身体不如别人，因此学起来非常用心。可是令他疑惑不解的是，三个月过去了，师父却只教了他一招，不过他心想，师父这样做一定有他的道理。又过了三个月，师父翻来覆去教的还是那一招，小男孩实在忍不住了，就问师

父："我反反复复老是练这一招，您是不是该教我些新的招术了？"师父回答说："你只要把这招练好就足够了。"

一年之后，大师带着小男孩去参加全国柔道大赛。结果出人意料，第一次参赛的小男孩竟然打败了所有的对手，获得了本次大赛的冠军。连小男孩自己都觉得不可思议，自己只有一只手臂，只会一招，居然能赢得冠军？在回去的路上，小男孩满脸疑惑地问师父："我为什么能打败所有对手，赢得比赛呢？"师父微微一笑，对他说："原因有两个：第一，你学会的这一招是柔道里最难的一招；第二，要想解这一招，唯一的办法就是抓你的左臂。"

小男孩仔细回想了一下，恍然大悟。

每个人都有自己的优势，关键在于我们是否发现了自己的优势，并加以利用。这个失去左臂又只会一招的小男孩之所以能够成为柔道比赛的冠军，就在于柔道大师发现了他的优势，并加以充分地利用。在职场中，每一个人都应该学会回避自己的缺点，发挥自己的优势，从而能够使自己处于一个不败的境地。

一位慈爱的老师担任了全校最差班级的班主任。这个班级里面充满了低落的情绪，同学们也都认为，自己被老师们放

弃了。面对这种情况，这位老师觉得，要想摘掉全校最差班级的帽子，首先就要帮学生们树立起对自己的信心，为此她专门设计了一个小小的游戏：一天上课的时候，她拿来了一个玻璃瓶，里面放着48张小纸条，每张纸条上写着一个学生的姓名。她先从里面抽出一张，大声地念出纸条上学生的名字，并让那个学生大声地说出自己的优点。第一个被抽到的学生是个很平常的学生，不但成绩一般，就连调皮捣蛋的本领也不强。就见他站起来，想了很久才说出自己的优点：孝敬父母。可是老师却并未就此罢休，让他再想想自己还有哪些优点。这个学生站在那里想了很久，仍然没有想出来，于是老师动员其他同学帮他一起想。同学们表现得很踊跃，纷纷说出他的优点：他体育好，在校运动会上，跳远还获得了名次；他诚实，从来不抄作业；他还很讲义气，每当同学有困难，他都会真心给予帮助……

听到同学们说出了自己这么多的优点，这个同学显得很惊讶。老师笑笑，请他抽出第二张纸条。那个被抽到的学生说自己的优点是乐观、聪明、大胆，然后挠头说："应该就这些，没有了。"老师微笑着请其他同学帮他找一找，于是同学们又

补充了很多：这个同学很喜欢看书，知识面广；做事很有条理；富有责任心，每天都很早来学校为大家开门，等等。接下来第三个同学，他也在其他同学的帮助下，发现了很多自己都不知道的优点。然后是第四个同学……

随着这个游戏的继续，越来越多的学生都欣喜地发现，原来在同学们的眼里，自己这么优秀，可这些优秀之处自己平时竟然没有发现！

等到这个游戏结束的时候，全班的学生都仿佛变了一个人，变得优秀了！

有很多人会有这样的感觉，就是已经很努力地去寻找自己的优势了，可就是发现不了。确实，发现自己的优势有时候会很困难，毕竟当一个人看自己的时候，会掺杂很多主观的因素，以至于使得得出的结论往往不够全面、客观，准确性也会大打折扣。但这并不说明一个人不能够发现自己的优势，首先，我们要了解自己的长处所在，并肯定自己的能力，给自己以信心，然后在不断的尝试中检验自己，正确评价自己。不过与此同时，也要勇于摒弃自身的缺点，这样才不至于步入误区。

或许在这个世界上，没有人会注意到你，也没有伯乐来发

现你这匹千里马，既然这样，那我们就做自己的伯乐，认识自己，发挥出自己的优势，使其成为我们明天通往成功的基石。

表现自我并非不谦虚

很久以来，中国人都把谦虚视为一种美德，认为在与人交往的过程中，应该尽量表现得谦虚一些，所谓“满招损，谦受益”。可是在现实的生活中，有些人往往谦虚过了头，以至于把自己说得一无是处。可是他们却忘了，既然你一无是处，那别人怎么放心把事情交给你去做呢？何况，那些敢于把自己表现出来的人，也并非就是一种不谦虚的表现，他们更多表现出来的是一种勇气，一种对自己和他人负责的态度。

古时候有一位很谦虚的员外，每当别人夸他的时候，他都不管对方讲些什么，只是一味地说：“哪里哪里，言过其实

了。”他有两个女儿，长得貌美如花，倾国倾城，凡是到他家做客的人，都对他的两个女儿赞不绝口。可他每次都“谦虚”地说：“哪里哪里，她们都是丑八怪。”时间久了，他的这句话被人传了出去，每个人都知道他有两个丑八怪女儿。于是，他的这两个女儿一直到老，也没有媒人上门来提亲。

谦虚本来就是对自我的一种贬低，或许在一些了解你的人眼里会觉得你没有傲气，可是那些不了解你的人却不会这样想了，他们会由此认为你没有能力。而且一个人如果过于谦虚的话，则是一种虚伪的表现。

三国时期的诸葛亮，在刘备三顾茅庐向他请教时，虽“未出茅庐”却“已三分天下”，从而让刘备觉得自己如鱼得水，盛情请他下山相助，并由此而成为我国历史上杰出的政治家和军事家，并被后人奉为“智慧的化身”。设想一下，如果当初刘备向他请教时，他只是一味地谦虚，说自己“孤陋寡闻”“才疏学浅”“不堪担当重任”的话，也许他就只能一辈子在南阳那个地方耕读了。

由此可见，自我表现与以一种傲人的态度对待他人在本质上是有所区别的，后者是一种自高自大、自吹自擂的表现，而自我表现却是一种对自我肯定的态度，而且它并不是一种不谦虚的表现。很多的时候，我们更应该像诸葛亮那样，适时地拿出自己的勇气，提出自己独到的见解，让别人充分了解到你的才智，从而使自己的才华得以施展。

有些人一直弄不清楚自我表现与骄傲之间的区别。其实，骄傲就是指在他人面前极力抬高自己，拿自己的长处与别人的短处相比较，这样的人一般都心高气傲、目中无人，且虚荣心极强，总爱挑别人的毛病，却很少注意到自己的不足，喜欢拿自己的处事标准来衡量别人。而自我表现则是不夸张也不虚妄地展示自己的能力。

在现实生活中还有这样的一些人，他们总是认为表现自己就是对自我的炫耀，是一种不谦虚的行为。可他们却从来没有这样想过，既然是自己确实具有的才能，炫耀一下又有何妨呢？何况比起那些只知道谦虚谨慎的人，只会唯唯诺诺地躲在那里装谦虚，从不敢大胆地说出自己的看法，把自己积极地表现出来，不更是一种勇气和魄力的体现吗？再说，古往今来的那些著名人物，哪一个不是积极表现自己的人呢？如果李白、杜甫没有把自己的才华积极地表现出来，怎么会留下那么多广为传唱的优美诗篇？如果孔繁森、任长霞生前没有表现出为人民服务的精神，怎么会得到那么多人的尊重？“天行健，君子

当自强不息”，当机遇就摆在你面前的时候，而你也确实有这样的能力时，就应该勇敢地担当起来，为实现自己的人生价值而努力，为社会的发展和进步作出自己的贡献。

中国人向来崇尚谦虚，这并没有错，但也要区分场合、把握分寸，尤其是现在这个竞争激烈的职场之中，一味地谦虚会对个人的发展产生很多负面影响。例如，别人要么会觉得你虚伪，要么就觉得你不胜任；别人对你不了解，就会低估你，甚至看不起你。在职场中，一个人若锋芒太露、恃才傲物，处处咄咄逼人，那得来的只会是别人的反感和远离。同样，若一味地以谦虚的态度对自我进行贬低，招来的也只能是人们的厌恶和远离。更多的时候，适时地表现一下自己，是每个人都不可缺少的。

其实，只要相信自己的能力，就一定要有敢于表现自己的勇气，即使表现得不好也不要紧，你已经勇敢地迈出了走向成功的最重要的一步，而且你会在下次做得更好。但是，若你怕别人说你骄傲而怯于表现自己，那纵然有一千个机会也只能被错过。

要有超越自我的心态

一个人不管做什么事情，他的心态都是最重要的，有什么样的心态就会有什么样的表现，而不一样的表现又决定了我们会有什么样的人生。有这样一个小故事，很耐人寻味。

雨天过后，在一个墙角里，一只蜘蛛正在艰难地朝早已支离破碎的蛛网爬去。由于刚刚下过雨，墙壁很潮湿，每当蜘蛛爬到一定高度的时候就会滑下来。就这样，蜘蛛反复地爬了一次又一次，却一次又一次地滑下来。

三个人目睹了这种情况之后，一人叹了口气，自言自语地

说：“我的一生不就像是这只蜘蛛吗？忙忙碌碌却没有什么收获！”于是，从此他变得越来越消沉。

第二个人看到了之后，说：“唉，这只蜘蛛真够笨的，为什么不换一个路线，从旁边比较干燥的地方爬上去呢？我以后可不能像它这么愚蠢。”于是，这个人在以后的为人处事中变得聪明起来。

第三个人看到了蜘蛛一次又一次坚持往上爬的表现之后，马上被它那种屡败屡战的精神所感动，并大受鼓舞。由此，在他以后的事业发展中，这个蜘蛛给了他很大的鼓舞，可以说一直影响着他，使他越发坚强起来，并在事业上获得了巨大的成功。

可以说，在我们的人生之中，心态决定了一切。因此，只有具备良好的超越自我的心态，才能鼓舞我们积极地表现自己。

这个世界上并没有完美的人，尽管每个人都希望把自己最好的一面展示出来，但并不能因为有缺点、不能做到最好，就把自己封闭起来。

在英国的一个小镇上，有一个小男孩，他的父母都是残疾人，小男孩自己也有小儿麻痹症，走路总是一瘸一拐的。小男孩很少说话，更不愿意提起自己的父母，他感到很自卑，害怕

别人用异样的眼光看他。

小男孩唯一的乐趣就是很喜欢听镇上的一位牧师布道，每次他都是最早到教堂，散场之后也是最后一个离开。有一天散场后，牧师叫住他问：“可爱的孩子，你的父母是谁？为什么每次都是你一个人来？”就是这么一个简单的问题，使小男孩觉得很为难。牧师似乎也看出了小男孩的心思，便平静地对他说：“噢，我知道了，你是上帝的孩子，你的父母也一定是上帝的虔诚信徒，我们都是上帝的孩子。记住，不完美不等于不优秀。”

牧师这句简单的话深深影响到了小男孩的命运，从此之后，他战胜了沉默孤僻的自我，并通过自己艰苦的努力，成为了一名著名的演说家。

这个患有小儿麻痹的小男孩之所以能够取得如此大的成就，就在于他改变了自己的心态，使自己从卑微的阴影里走了出来，积极地超越自己，最终步入了人生的辉煌。

在这个世界上，很多人的一生都是极其平淡而平庸的，他们就和大多数人一样，认为表现自己就会打扰到生活的平静，更会打破他人的生活常规。这样的人显然也没什么错，因为他

们没有小男孩那样的自卑，于是也就认为无须表现自己，更不想改变现状，即使有时候不得不表现一下自己，也是被动的、消极的。可以说，他们终身只是在努力做着一件事，就是维持现状。

可是，人既然来到了这个世界上，总应该尽最大的努力让自己生活得精彩些吧，不然与朽木枯草又有什么区别呢？俗话说“人过留名，雁过留声”，人总应该勇敢地承担起自己的责任，面对挑战，表现自己，超越自己。

“最强的敌人，不一定是别人，而是我们自己。”要想使自己的人生过得精彩而没有缺憾，首先就要有改变现状、超越自己的心态。很多成功者之所以能够取得成功，就是因为他们不满足于现状，积极地表现自己，力求通过表现自己来获得突破，于是，他们真的就做到了。

小韩是个有些腼腆的人，跟别人讲话时很容易就会紧张。有一次老板让他在公司的总结会议上发言，就是因为紧张，本来很清晰的思路却在发言的时候忘记了。虽然很多次被同事嘲笑，但是小韩还是愿意抓住这样的机会锻炼自己的口才。于是，每次老板让他发言，他都以积极的态度来对待。为了克服自己的紧张情绪，在发言之前，他总要做很多的准备，并不断

提醒自己要冷静。慢慢的，同事们发现，小韩的发言越来越有条理性，说话时的颤音也没有了。

当你拥有一种超越自己的心态，主动、积极地表现自己就不会再是难事了，难的是你根本就不想超越自己，只想平平淡淡地过自己的生活，像一棵含羞草一样。

表现源于对目标的坚定

生物学家曾经做过这样一个试验：把跳蚤放在一个平面上，就见它很高地跳起，测量一下，居然有一米多高。但是如果在上方放一个一米高的玻璃罩子，这时跳蚤跳起来就会撞到罩子顶部，而且是一而再再而三地撞到。过一段时间之后，拿走玻璃罩子，生物学家奇怪地发现，虽然跳蚤仍旧在跳，但已经不能跳到一米以上的高度了。原来在一次次撞到罩子顶部的情况下，跳蚤调整了自己的弹跳高度，而且在适应了这个高度之后，就不再改变，即使它上方的那个玻璃罩子已经不存在了。

不光是跳蚤，自然界里还有很多像跳蚤这样的动物。生物

学家还曾把一条鲮鱼和一条鲦鱼同时放进同一个玻璃器皿中，然后用玻璃板把它们隔开。刚开始时，鲮鱼看到鲦鱼这个美食，就兴奋地朝鲦鱼进攻，可每一次它都“咣”的一声撞在了玻璃板上，撞得晕头转向。就这样，鲮鱼碰了十几次壁后，显得非常沮丧。后来，生物学家把玻璃板抽去，而鲮鱼对近在眼前的鲦鱼却视若无睹了。即使把肥美的鲦鱼一次次地送到它嘴边，鲮鱼都不再向其进攻，此时的它已经没有了进攻的欲望和信心。

几天后，鲦鱼因为有生物学家供给的饲料依旧自在地畅游着，而鲮鱼却已翻起雪白的肚皮漂浮在水面上了。

其实，很多时候我们人类也犯像这些动物一样的错误。例如，当我们去做一件事情的时候，很容易因为碰到难以解决的难题便到此为止。没有目标，人只能是在迷茫中蹉跎岁月，而如果目标不坚定的话，留下的只能是无限的遗憾。因此，一个人只有对目标抱着坚定不移的态度，才能施展出自己的全部能力，最大限度地表现自己。

费罗伦丝·查德威克是第一个游过英吉利海峡的人，但是她第一次却失败了。1952年7月4日清晨，加利福尼亚海岸笼罩在一片浓雾之中。那一年，费罗伦丝·查德威克34岁。

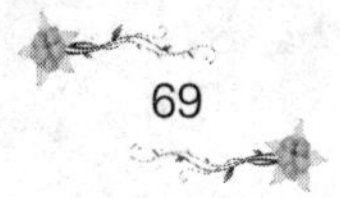

费罗伦丝·查德威克说："那天早晨，海水冻得我的身体发麻，雾很大，我几乎看不见护送我的船。时间一小时一小时地过去，我一直不停地游。15个小时后，我又累又冷。我知道自己不能再游了，就叫人拉我上船。我的母亲和教练在另一条船上，他们都告诉我海岸很近了，叫我不要放弃。但我朝加州海岸望去，除了茫茫大雾，什么也看不到。又过了几十分钟，我叫道：我实在游不动了。当他们把我拉上船来，几个小时后，我渐渐暖和多了，这时却开始感到失败的打击，我不假思索地说："说实在的，我不是为自己找借口，如果当时我看见陆地，也许我能坚持下来。"

其实，那个时候，费罗伦丝·查德威克离加州海岸只有半英里！但让她半途而废的不是疲劳，也不是寒冷，而是因为她在浓雾中看不到目标，于是选择了放弃。

不过，在接下来的两月后，费罗伦丝·查德威克成功地游过了同一个海峡，同时她还是第一个游过卡塔林纳海峡的女性，而且比男子的纪录还快两个小时。

查德威克是一个游泳好手，但她也需要有清晰的目标，才

能激发持久的动力，才能坚持到底，也才能把更好的自己表现出来。

由此可见，一个人的表现只有建立在对目标的坚持上，将其作为自己人生的航向，才可能有所成就。其实，一个人的成功是这样，一个企业的成功也是这样，如果没有对目标的坚持，发展只能成为一纸空谈。

在美国，要想获得企业界的最高荣——美国国家品质奖，必须是能生产全国最高品质产品的企业。为了赢得该奖项，摩托罗拉公司派了一个侦察小组，分赴世界各地表现优异的制造机构进行考察。所有摩托罗拉的员工都面临着挑战，力求大幅度降低工作中的错误率。制订了这样的生产目标之后，产品错误率果然降低了90%。但摩托罗拉公司仍不满意，又设定了新的目标，所有摩托罗拉员工都收到一张皮夹大小的卡片，上面标示着公司的目标：所生产的电话合格率要达到99.7%。于是，在参加美国国家品质奖评选的66家公司中，大部分都是一些像IBM、柯达、惠普等大公司的某一部门，但摩托罗拉却以整个公司为单位参加竞赛，并最后以绝对的优势轻松夺魁。

这一年，摩托罗拉公司因减掉了昂贵的零件修复和替换工作，足足节省了两亿五千万美元，收入增加了23%，利润提高

了44%。这正如摩托罗拉公司的一名主管说的那样：“得美国国家品质奖，有一种金钱买不到的奇效。”

这就是坚定自己目标的魔力，它可以让许多不可能实现的事情成为事实，它可以让一个普通人也具有神奇的力量。

是好瓜，何妨“自夸”

一直以来，对于“王婆卖瓜，自卖自夸”这句话，大多数人都认为是一种不自谦的表现，是应该摒弃的。可实际上真的是这样吗？其实是我们误解了王婆。既然瓜是好瓜，何来“自夸”呢？即便是好瓜，不夸一下，别人又怎么知道你的瓜是好瓜呢？

现实中有很多人都以“好酒不怕巷子深”这句话来勉励自己，相信自己总有一天会出人头地，这种心态虽然没有错，但未免有些太消极了。试想一下，如果巷子很深，且曲曲折折的，即使你是一坛香气四溢的美酒，恐怕也没人闻到你的香味

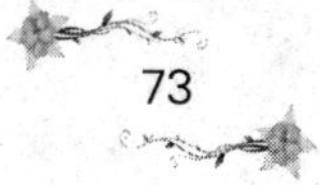

吧！作为一坛美酒，如果得不到人们的品尝，而只能在角落里默默无闻，恐怕是最大的遗憾了吧！因此说，既然不怕别人知道自己是一坛好酒，那就最好不要待在巷子深处，走到大街上去，让众人品尝、见识一番，不然岂不白白埋没了自己？

在这个竞争激烈的职场中，就算你是匹千里马，也很有必要自夸一下，因为，只有自己先肯定自己，先发现了自己的优势所在，才能让他人更好地认识自己；同时，在人才济济的今天，伯乐不总是会降临在我们身边，“千里马常有，而伯乐不常有”，如果只是痴痴地等着伯乐的到来，就只有被埋没的份儿了。

有一匹身材瘦小的千里马，矫健如飞，日行千里。可是主人并不知道它是一匹千里马，就把它和别的马放在了一个马厩里。在马场里面，这匹千里马是如此地瘦弱，以至于没有人知道它有着超强的奔跑能力。很多买主都来买马，马一匹匹地被买走了，却从来没有哪个买主相中它。可是千里马心里却并不以为然，对那些买主更是不屑一顾，认为他们目光短浅，与其被他们挑中，倒不如自己永远这样待着。主人见没有人相中这匹马，也就对它失去了耐心，给它的草料无论是数量还是质量

都越来越糟糕。千里马却仍旧不为所动，相信总有一天，会有伯乐相中自己的。

千里马的机会终于来了。一天，马场里来了一位伯乐，他转了半天，到这匹千里马面前停了下来。千里马高兴极了，心想，自己等的机会终于来了。伯乐拍了拍它的背，让它跑跑看。千里马见伯乐如此举动，心里很不快，心想，你是伯乐，我是千里马，应该一眼就相中我才对，怎么还让我跑给你看呢？这不是对我的侮辱吗！于是千里马拒绝奔跑。伯乐很失望地摇了摇头，离开了。

又过了没多久，马场里的其他马都被人买走了，只剩下这匹千里马。主人见它可怜，打算骑着它回老家去，于是用好草料喂养它。可是临行的时候，千里马死活也不拖着行李走。万般无奈，主人只好把千里马杀了，拿到街上去卖马肉。

现实中，很多人就像这匹千里马一样，认为自己学富五车、才华横溢，根本用不着像别人那样表现自己，而一旦别人未像他们所期望的那样，便常常抱怨是社会、是他人的不赏识才致使自己没能发挥才能，于是他们孤芳自赏，顾影自怜。殊不知，如果他们能够改掉这种错误的念头，好好展示出自己的

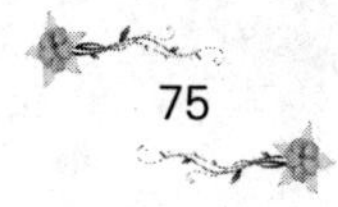

才华的话，情况就会有截然相反的改变。在这个世界上，没有任何一个人是专门为了发现你才生的，除非你先把自己的能力表现出来。正如比尔·盖茨所说的那样："这个世界并不会在意你的自尊，而是要求你在自我感觉良好之前先有所成就。"

懂得这个道理，再来看现在满天飞的广告、促销、展览，也许我们就能更加明白"自夸"的必要和迫切。商家尚且如此，作为一个人，一个在社会中商品化了的人、一个靠自己能力和才华换取生存条件的人，就更应该如此了。

在大学时，我曾经和同学们一块儿去学校的大礼堂听一个著名企业老总的演讲。

这名老总很有威望，据说他曾在微软工作，如今他在美国有了自己的事业。这次是他第一次应邀到大学演讲。同学们听得都很认真，有的人还一边做着笔记。

大礼堂里面鸦雀无声，只有他一个人的声音在回荡，偶尔有热烈的掌声响起。他说他很奇怪为什么没有人提问或者应和他说的话，他说如果是在美国，同学们早就站起来对自己提问或者进行争辩了，而现在除了自己在滔滔不绝地讲之外，没有一个人附和或反应，难道是自己的演讲很糟?

在演讲即将结束的时候，他终于忍不住向同学们提出了一个问题。他以期待的眼神望着台下的一双双眼睛，可令他失望的是，下面一片寂静，甚至比刚才更寂静许多，没有一个人站起来回答他。时间一分一秒地过去，还是没有一个人站出来，他感到失望了，他默默地在心里想："真是太可惜了，本来我打算要给你们一个出国深造的机会的，可是，你们却自己放弃了这个机会。"

这时候，我的同学亚宁站了起来，说出了自己理解的答案。

老总为他鼓掌，同学们都以为亚宁的回答得到了老总的认可，可出乎意料的是，老总却说："你的答案是错的。但你的回答为你赢得了一次出国深造的机会。"

此时，很多人都表现出了后悔的神情，他们纷纷说：早知道有这样的好事，我就站起来了，而且我的答案还是正确的。可是机会往往只有一次。最后，老总送给同学们一句话："记住，在许多时候，如果你相信自己有能力，就要勇敢地表现出来。"

老总的话如同醍醐灌顶般，很多年后的今天，我仍然记忆犹新。

第三章

显示出你的风度

有勇气才有魅力

每个人在一生之中，都要面临或者即将面临几次重大的选择，而这样的选择往往又决定了我们将会有一个怎样的人生。很多人在面对这些选择的时候，往往总是衡量了再衡量，仍旧犹豫不决，于是也才有了因为机会的溜走而扼腕叹息的人，有了眼看着别人的成功而追悔莫及的人。这些人总是害怕承担风险，却浑然忘记了风险是与机会并存的。在人生的尝试中，经历失败是难免的，但这并不是我们无所作为的原因，拿出自己的勇气和魄力来，即便是失败，何尝不是下一个走向成功的起点呢？

亨利·福特在进军汽车业之后，曾经有两次面临着企业将要破产的危机；美国最大的梅西百货公司先后遭受了七次挫折，才最终取得成功；莱特兄弟为了实现飞上蓝天的梦想，经历了数百次的失败。在面对选择的时候，如果他们没有果断地拿出自己的魄力，勇敢地去尝试，恐怕就没有人会知道福特汽车和梅西百货公司了，也不会有人能够乘坐飞机出游了。可以说，正是因为他们表现出了自己的魄力，才使得他们的名字虽经历了那么多年岁月的洗礼，仍旧灼灼生辉。

其实，失败并不可怕，只要能够勇敢地去面对，去尝试，就一定可以在失败的废墟上重新站立起来，从而赢得最后的胜利。因此，对于一个志在成功的人来说，最不可缺少的就是勇气，就如同出海打渔的渔夫不能缺少渔具一样。

不畏失败，敢于尝试，是勇气；承认错误，从失败中学习经验，是勇气；直面恐惧，挑战困难，是勇气；为了获得更好的发展机会，舍得放弃已经获得的成绩，也是勇气。在人的一生中，需要拿出勇气的次数有很多，但这也正是一个人拥有魅力的表现。

梁启超在《新民说·论进取冒险》一文中对于勇气如此说道："进取冒险精神，人有之则生，无之则亡；国有之则

存，无之则亡。”或许有人不是很赞同这样的说法，觉得有些太言过其实了，显得有些激进。其实，梁启超的这种思想放到今天，可以理解为：进取冒险的精神是勇气的一种体现，一个人拥有了它就能获得成功，没有则只能接受失败。这正如海伦·凯勒所说的那样：“生命或是一种勇敢的冒险，或是一无是处。”

1964年，在美国俄亥俄州辛辛那提市有一处十分破旧的平民住宅区，很多人不喜欢住在这么一个脏乱破旧的地方，所以它变成了一个几乎无人居住的地方，房东也因此不能收到租金，只好宣布破产拍卖。

对于这处衰败的居住区，没有人对它感兴趣，这令房东十分苦恼，他四处打探新的买主，急着把破烂房子处理掉。

只有一个人认为机会难得，相信这个地方一定会有利可图。于是，他向银行贷款，一举买下了这个不被人们看好的平民住宅区。作为新主人的他，详细分析了原业主经营失败的根源，他对此做了大幅度的改进。为了能使它增值，他又把它做抵押，再次贷款来修整改建。然后，他把这处房产放盘出售。

仅一年，他就净赚了500多万美元。由于这次所尝到的甜头，他对这一行信心倍增，又不停地寻找机会。

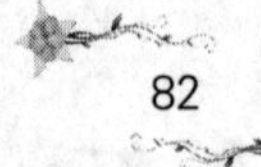

1973年，他在报纸上看到一个消息，宾西法尼亚州中央铁路公司因资不抵债，而导致无法运行，只好申请破产。铁路公司把其旗下的金库多酒店放盘出售，在当时，金库多酒店所处的地理位置相当优越，很多商人都竞相购买，但他们一看到很高的价码便偃旗息鼓了，但他毫不退缩，认为这个处于黄金地段的酒店，一定会带来丰厚的商业利益。于是他毫不犹豫地贷款1000万美元，购得了这家酒店。然后，他又把酒店作为抵押，贷款8000万美元，对酒店进行了全面的装修改建。

经过装修改建完后的酒店对外营业，每年的净利润就达3000多万美元，三年之后，他不但还清了所有的贷款，而且属于他的财富也滚滚而来了。

他就是美国地产大王唐纳德·特朗普，他的辉煌业绩举世瞩目。如今的他，拥有庞大的物业，如巨型超级市场、五星级酒店等等，拥有数十亿美元的财富。

一个人，只有具有敢为人先的勇气才会有魅力，也才会成为一个在他人眼中有风度的人。因为这样的人总是能够抓住机会，做出一些让别人羡慕却根本做不到的成就。其实，世界上根本就没有什么事情是万无一失的，都需要冒一定的风险，那种没有勇气面对挫折和困难的人，需要冒的风险更大，因为他们很可能一生都不会有任何成就，就像一艘长久停靠在港湾里的船，只能在风吹雨淋中慢慢被腐蚀。对此，中国资深传媒人士杨澜女士就曾说：“为了避平庸无奇之险，而勇敢地去冒险，值得。”

热情让你更杰出

黑格尔说：“失去了热情，世界上将没有一件伟大的事能完成。”虽然热情只是人的一种意识形态，但对于一个人的成功却起着不可估量的作用。它可以激发出一个人内心深处的力量，激励着人为了实现目标而采取积极的行动，奋力向前。

拿破仑在离开巴黎就职后，得到的是3800名士气低落、缺粮少饷的“乞丐部队”。1796年4月10日，在他的部队总攻之前，拿破仑发表了热情洋溢的鼓动性演说。这样拿破仑靠使用这种办法重新振奋了士气，再凭借着他卓越的领导才能，将一支“乞丐部队”变成了一支百战百胜的部队。拿破仑的鼓动性

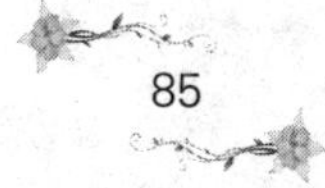

演说，最终竟使他的“乞丐部队”所向披靡。这里他所依靠的就是最大限度地发挥他部下的热情。热情最终也证明了可以化作无穷的巨大的力量。

一直以来，很多人觉得“热情”只是一个空洞的词汇，这是因为他们没有了解到热情的魔力，可以说，热情是一个人追求成功的源泉。你追求成功的热情愈强，成功的概率也就愈大。热情可使你释放出潜意识的巨大力量。如果没有它，你只能像是一个已经没有电的电池。

热情是做人或做事都不可或缺的条件。没有热情，军队无法取得胜利；没有热情，人们不可能创造出今天如此丰富的物质生活；没有热情，人们不可能征服自然界各种强悍的力量而成为万物的尊长。热情是一种神奇的要素，它足以吸引你的老板、同事、客户和任何具有影响力的人，它是你工作成功的关键要素。对于我们现实生活中的人也一样，如果你对工作缺乏热情，那么无论你从事什么工作，你都不会有突出的成就；做事如果总是平平淡淡的态度，就会在庸庸碌碌中了却此生，你的人生结局将和千百万的平庸之辈一样，无所作为。

一天晚上，拿破仑·希尔正专注地敲打字机，偶尔从书房窗户望出去——他的住处正好在纽约市大都会高塔广场的对

面，看到了似乎是最怪异的月亮倒影，反射在大都会高塔上。那是一种银灰色的影子，是他从来没见过的。他仔细观察一遍才发现，那是清晨太阳的倒影，而不是月亮的影子。原来已经天明了，他工作了一整夜，由于太专心于自己的工作，使得一夜仿佛只是一个小时，一眨眼就过去了。他又继续工作了一天一夜，除了期间停下来吃点儿清淡食物以外，他未曾停下来休息一刻。

试想一下，如果不是对手中工作充满热情，而使身体获得了充分的精力，拿破仑·希尔怎么能连续工作一天两夜，居然丝毫察觉不到时间已经悄然地过去了呢！

同样一份工作，同样由你来干，有热情和没有热情，效果是截然不同的。前者使你变得有活力，工作干得有声有色，创造出许多辉煌的业绩。而后者使你变得懒散，对工作冷漠处之。

成功与其说是取决于人的才能，不如说是取决于人的热情。热情，使我们的生命更有活力；热情，使我们的意志更加坚强。不要畏惧，如果有人愿意以半怜悯、半轻视的语调把你称为狂热分子，那么就让他这么说吧。源源不断的热情使你永葆青春，让你的心中永远充满阳光。让我们牢记：“用你的所

有，换取你工作上的满腔热情。”大多数功勋卓著的伟人就具备了这一点，人类最伟大的领袖，就是那些知道怎样鼓舞他的追随者发挥热情的人。

拿破仑征服了欧洲，但他发动一场战役只需要两周的准备时间，换成别人则一定做不到，历史也证明，很少有人能够做到。这中间的差别，正是因为他那无与伦比的热情。战败的奥地利人目瞪口呆之余，也不得不称赞这些跨越了阿尔卑斯山的对手：“他们不是人，是会飞行的动物。”拿破仑在第一次远征意大利的行动中，只用了15天时间就打了 6场胜仗，缴获了21面军旗、55门大炮，俘虏15000人，并占领了皮德蒙特。他的理想充满着把征服一切变为可能的激情。拿破仑的士兵，也正是以这样澎湃的热情跟随着他们的长官，从一个胜利走向另一个胜利。

一个热情的人，就等于是有神在他的心里。热情也就是内心的光辉，如果将这种特质注入到你的奋斗之中，那么你无论面对什么样的困难，都将战无不胜。所以说，热情是点燃生命的火种，热情是照亮前程的心灯。激荡你内心澎湃的热情，方能绽放光彩绚丽的人生！

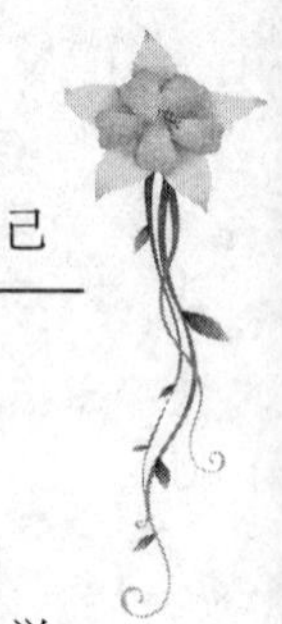

热情使人们拔剑而起，为自由而战；热情使大胆的樵夫举起斧头，开拓出人类文明的道路；热情使弥尔顿和莎士比亚拿起了笔，在树叶上记下他们燃烧着的思想；热情使伽利略举起了他的望远镜，让整个世界为之震惊；热情使哥伦布克服了艰难险阻，享受了巴哈马群岛清新的晨曦。因为热情，人们在不断地革新和创造着这个世界。

拥有热情，你就可以用更高的效率、更彻底的付出做好每一件事，你会觉得，你所从事的工作是一项神圣的天职，你将以更浓厚的兴趣，倾注自己所有的心血把它做到最好；拥有热情，你就会敏感地捕捉生活中每一点幸福的火花，体验快乐生活的真谛；拥有热情，你会以宽广的胸怀获得真诚的友谊，用你的爱心、你的关怀、你的胸襟创造和谐的人际关系；拥有热情，你就会以更加积极的态度面对生活，以高昂的斗志迎接生活中的每一次挑战与考验，以不屈的奋斗向自己的目标冲刺，用热情之火将自己锻造成一座不倒的丰碑。

伊尔说："离开了热情是无法做出伟大的创造的。这也正是一切伟大事物所激励人心的地方。离开了热情，任何人都算不了什么；而有了热情，任何人都不可以小觑。"

保持热情，会让你的心中充满阳光，会让你无论去做什么

都满怀希望，更会让你永远都能保持对生命以及工作的乐趣。拿破仑·希尔说：“若你能保持一颗热情的心，那是会给你带来奇迹的。”

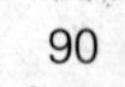

宽容让你更有风度

哲学家康德说：“生气，其实就是在拿别人的错误来惩罚自己。”不为一些鸡毛蒜皮的小事而烦恼，不为别人无理的指责而生气。宽容是一种态度，更是一种人性的美，也一种对待人生的境界。江河不择细流，才成就了它的烟波浩渺，人对一切都抱有一种宽容的胸怀，才会显得更加有风度。

与人相处，切不可斤斤计较，因为谁都可能犯错误，犯错的人心里本来就已有悔意了，此时你若再对他严加指责，不但无益于他反省自己的错误，反而会让他认为自己是对的。因

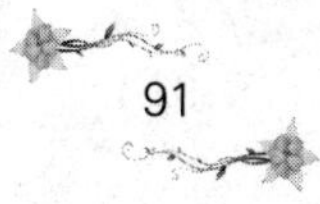

此，只有学会宽容别人的错误，才能让犯错的人更好地反省自己，而你也不必用别人的错误来惩罚自己了。雨果说："这个世界上最宽阔的是海洋，比海洋更宽阔的是天空，而比天空更宽阔的则是人的胸怀。"其实，这个世界上没有人的心胸不能包容的事物，只要你用一种宽容的态度去对待周围的人，你就会发现，没有什么是不能相逢一笑，泯然而释的。

或许有人认为宽容是一种软弱的表现，是当一个人没有能力去反抗时才采取的态度。其实，这些人曲解了宽容的意思。宽容是一种修养，是一种坚强，也是一种以退为进、积极防御的方法。宽容不是懦弱地一退再退，它所体现出来的退让是有目的、有计划的，主动权掌握在宽容者的手中。现实中的许多事实也证明，要想有所成就，就必须有容忍之量，最直接的体现就是宽容他人的错误。

戴尔·卡耐基从不主张以牙还牙，他认为，报复犯错者的最简单的方法，就是发挥对方的长处，也就是吸取对方的长处化为自己的长处。这种报复的方法，其实就是另一种形式的宽容。

林肯也总是以一种宽容的态度来对待自己的政敌，为此引来了很多议员的不满。其中就有一个议员质问他："你为什么试图和那些人交朋友，而不是消灭他们？"对此林肯笑笑，

说："当他们成为我的朋友后，我所做的，不也正是在消灭自己的政敌吗？"这不能不说是林肯的过人之处，当他抱着一种宽容的态度面对自己的政敌时，就让那些公开的对手最终成为了自己的朋友。这就是宽容的力量。

当我们以一种宽容的态度去对待别人的时候，其实也就是在以同样的态度来对待自己，让自己能心平气和地去工作、去生活。俗话说："宰相肚里能撑船"，由此可见，无论是谁，要想有所作为，就必须要学会宽容地对待他人，甚至可以说，一个人有多大的宽容之心，就能够取得多大的成就。

宽容是一个人心胸博大的体现，也是一个人品质高贵的反映。因为拥有宽容之心的人，往往能够做到严于律已、宽以待人，从而使自己不断获得进步，更受到人们的尊敬和爱戴。

古时候有个鲁国人，非常宽厚，从来没见过他对别人发怒。有人撞了他，他反倒问对方有没有事；有人占他的小便宜，他也一笑了之。他为人的宽容，成为了鲁国的美谈。

有一个人不相信他能如此大度，便从很远的地方来到他家，当着众人的面，往他脸上吐口水。就见这个鲁国人轻轻地擦去唾沫，微笑着对来人说："你是专门来考验我的吧，谢谢你给了我磨炼的机会。"来人听后，万般敬佩地离开了。

天上的神仙也听说了这个鲁国人的事情，觉得难以置信，便化作一个老头儿去试探他。谁知他不但一点儿都不生气，反而要带着这个老头儿去看病。

后来，这个鲁国人被推举为当地的三老，致使当地民风大为改观，受到万人的尊敬和崇拜。

宽容的过程其实也是互补的过程。对别人宽容实际上就是在对自己宽容。别人有了过失，若能予以正视，并以恰当的方法给予批评和帮助，便可避免大错。自己有了过失，也并不灰心丧气，一蹶不振，同样也应该吸取教训，引以为戒，取人之长，补己之短。

宽容是一种为人的豁达，对于每一个人来说，只有拥有一颗宽容的心，才能面对人生的风雨兼程；宽容是一种幸福，当我们饶恕了别人的错误时，其实不但是在给对方机会，也为自己赢得了对方的信任和尊敬，进而使彼此能够和睦相处；宽容更是人生的另一种财富，因为拥有了宽容，也就等于拥有了一颗善良、真诚的心。对于任何人来说，这都是一笔易于拥有的财富，它会在时间的推移中升值，它会把精神化成为物质。因此说，选择了宽容，其实也就赢得了财富。

所以，别吝啬你的宽容之心，别计较太多的得失，表现出你的宽容吧，为自己赢得更多的朋友，为自己争取更大的成功。

幽默是另一种风度

拿破仑·希尔说："如果你是一个幽默的人，那么你就会轻而易举地去影响你周围的人，让他们永远喜欢你；但如果你是个悲愤的人，即使身在欢乐的海洋，你也不会感觉得到。"

很多人在生活和工作中，之所以总觉得枯燥、单调，就是因为他们不懂得表现一下自己的幽默。更多的时候，幽默就像是树叶的色素，有了它可以让乏味的日子一下子鲜活起来。

植物学是一门冷课程，但某大学的一位教授却让这门冷课程变得火热起来了，只要是他的课，几乎堂堂爆满，甚至还有学生宁愿站在走廊边旁听。能吸引这么多的学生来听课，并不

是由于这位教授有着足以骄人的专业知识，而是他的幽默风趣风靡了整个校园。

一次，教授带着该系的一群学生到深山里做校外实习，沿途走来，学生们看到了很多不知名的植物，于是都好奇地向教授请教。教授耐心地一一做了解说。

见此，一位女同学由衷地对教授说：“老师，您的知识真渊博，什么植物都知道得那么清楚。”

教授闻言，回头眨了眨眼，风趣地说：“这就是为什么我要故意走在你们前面的原因了。只要看到不认识的植物，我就抢先下手，赶紧踩死它，以免露馅。”学生们听了，一个个笑得前仰后合。因为教授的幽默，使本来很枯燥的实习过程，充满了笑声。

幽默是一种机智地处理复杂问题的应变能力，是笑对矛盾和冲突的一种态度。幽默可以促进交流，也可以用来缓解出现的尴尬局面。一个无论表情还是做事都很严肃的人，虽然我们不能妄议他什么，但他肯定会给大家一种压抑的感觉；而一个幽默风趣的人，则会因为营造出的轻松气氛受到人们的欢迎和喜爱。

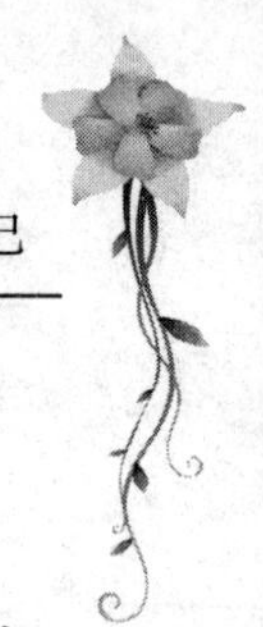

哲学家苏格拉底正在客厅里与客人谈话，脾气暴躁的太太突然跑进来，对着他破口大骂，之后仍觉不解气，又提起一桶水从他的头上浇了下来，把他浇得像个落汤鸡。客人觉得很不自在，怪自己当初怎么没有赶快离开。谁知却见苏格拉底笑了笑，对客人说："我就知道，闪电之后，必有大雨。"客人听后，也释然地笑了。

本来很难堪的场面，却被苏格拉底的幽默一笑了之，也使自己从容地摆脱了尴尬的境地。其实，无论是在生活还是在工作中，拥有幽默的人，往往能够更好地表现出自己的能力，并很快获得别人的好感，给人留下深刻的印象。

美国的一些企业就曾做过试验，证明幽默能改善生产力，提升士气，有助于团队合作。实际上也确实如此，迪吉多公司里有20名中级主管参加了幽默训练，在接下来的九个月里，这些人的生产量增加了15%，病假次数减少了一半。为此，现在很多企业都鼓励员工去参加专门的幽默培训，以增加员工的幽默感。有越来越多的领导者也认识到了这一点，自己因业绩下降而愁云满面的情绪，很容易就会感染到员工，影响到他们工作的积极性；而若自己对企业现在所面临的困境加以调侃的

话，乐观加上切实的努力，往往可以产生出神奇的力量。

有一个老板，他不但不懂得幽默，也觉得没有任何事情值得一笑，他也总是以一副不苟言笑的表情出现在员工面前。慢慢他发现，尽管公司的待遇已经很不错了，可员工仍旧提不起工作的干劲儿来，甚至还有人工作没多长时间，就以各种理由离开了公司。

而另一家公司的老板却不是这样，早上来他总是一脸笑容地和大家打招呼，工作之余还和大家开一些无伤大雅的玩笑。于是，这家公司的工作气氛特别融洽，大家心往一块儿想，劲儿往一处使，工作业绩屡攀新高。

沉闷的工作氛围与融洽的工作氛围之间的区别，就在于前者没有幽默感，而后者却把幽默感融入其中，因此而产生的工作效果也是显而易见的。其实，每个人的一天之中，难免会碰到一些不尽如人意的事，每天的生活复杂而纷扰，周围都是忙碌奔波的身影，但这并不是不能快乐起来的原因。既然摆脱不了这些日常的烦恼，那就不妨换一种幽默的心态来面对。因此说，幽默不但是对待人生的一种乐观态度，更是一种生存的技巧。

当你用幽默来对抗周围不如意的境况时，你会发现自己的

心情轻松了，而且身上的压力也大为减轻。而且，一个具有幽默感的人，通常在生活满意度、生产效率、创造力以及工作士气等方面都远胜于那些没有幽默感的人。所以，要想让自己的人生过得更舒心快乐，就努力有意识地表现出自己的幽默来吧。

微笑是你的最佳标志

假如让你在这样两个人之间选择一个与其一起工作，一个长得非常漂亮，却总给人一种冷若冰霜的感觉；一个虽然长相普通，脸上却总是面带笑容，总给人一种如沐春风的感觉，你会做何选择呢？一项调查表明，绝大多数的人都愿意和面带笑容的人一起共事。

一个人是否绽放出他的微笑，直接影响着他给人们的印象和亲和力。微笑是这个世界上最丰富的言语，也是最美丽的表情。其实，无论是在工作还是生活中，微笑都具有一种非凡的魔力。

布恩是一家商贸公司的业务员。一天，他去拜访一位客户，最后由于种种原因，双方没能达成合作协作。布恩为此很苦恼，回到公司后就把事情的经过告诉了经理。经理耐心地听完了布恩的讲述，沉默了一会儿，说："你不妨调整一下自己的心态，再去一次，要时刻记住运用微笑，用你的微笑打动对方，这样他就能看出你的诚意。"

布恩按照经理说的试着去做，把自己表现得很快乐，真诚的微笑一直洋溢在他的脸上。对方果然被布恩感染了，愉快地和他签订了协议。

布恩结婚已经18年了，可忙碌的工作使他焦头烂额，都顾不上对心爱的妻子说一些甜蜜的话，甚至已经很久没有对着妻子微笑了。通过跟客户沟通这件事，他决定试一试，心想或许微笑会给自己的婚姻带来什么不同。

第二天早上，布恩梳头照镜子时，便先对着镜子微笑起来，他忽然发现，外面的天气看来比昨天好多了。当他坐下来开始吃早餐的时候，也先微笑着和妻子打招呼。开始妻子显出一副很吃惊的样子，接着变得非常兴奋。在接下来的两周时间

里，布恩感受到的幸福比过去两年还要多。

从此以后，布恩每天早上出门上班时，都会微笑着跟大楼门口的警卫打招呼；乘车时，也对着乘务员微笑。他很快就发现，当自己微笑着对待别人的时候，别人也回他以同样的微笑。

布恩越来越发现微笑的诸多奇妙之处，他也为此收获了很多快乐和美好的心情。他现在试着用微笑去面对一切不如意的事，而停止谈论自己的需要和烦恼。这一切真的改变了他的生活，他收获了更多的友谊，工作上也取得了更多的成绩。

对人微笑本来是一件很容易的事，可是却很少有人这样去做，究其原因，就是因为他们没有了解到微笑的妙用。对陌生人微笑，可以表达你的好感；对同事微笑，可以表示你的尊重；对朋友微笑，可以表现你的关心；对敌人微笑，可以显示你的大度。虽然微笑的含义很多，但最容易结交朋友、获得收益的就是真诚的微笑。

希尔顿的发家史就是微笑魅力的最好诠释。可以说，希尔顿旅馆正是先以微笑冠于世界，才以旅馆规模居世界第一的。

希尔顿还是在上中学的时候，就在每年的暑假期间到父亲的小杂货店里帮忙，也就是在这里，初步建立起了他对做生

意、接待顾客的兴趣。

后来在一次车祸中，他的父亲去世了。等他安葬完父亲，把杂货店处理掉之后，身上只有5000美元。怀揣着这些钱，他只身前往得克萨斯州，果断地买下了他的第一家旅馆——梅比莱旅馆。

经过他的苦心经营，很快，这家旅馆的资产就达到了5100万美元。他欣喜而自豪地告诉了母亲这个成绩。

谁知母亲听后却很淡然，只是对他说："依我看来，跟从前比起来你也没什么两样。如果你真的想做出一番自己的成绩，就必须把握住比5100万美元更值钱的东西。"

什么东西比5100万美金更值钱呢？希尔顿百思不得其解。

就听母亲继续说道："经营旅馆首先要待客以诚，不过除此之外，你还要想办法使每一个入住你旅馆的人住过还想再来住。为此你一定要想出一种简单而实用、行之有效却不花本钱的方法去吸引顾客。"

母亲的话虽简单，却在希尔顿的心里产生了很大的震动，究竟有什么办法让顾客还想再来住呢？

忽然有一天，希尔顿从一位女士的脸上想出来了，这就是微笑，只有微笑才能让那些来他旅馆的人住过还想再来。

于是，第二天希尔顿一上班，所做的第一项工作就是把员工都召集起来，向他们灌输自己新的经营理念："微笑，请记住，对来我们旅馆入住的每一位顾客，都要面带微笑。我今后会将其作为检查你们工作的唯一标准。"

此后，希尔顿又对旅馆进行了一番装修改造，增加了旅客的接待能力。就是依靠这句"对客人微笑"的座右铭，使得他的旅馆很快便红火起来。他也由此一发而不可收拾，最终成为了拥有数十亿身家的世界"旅馆帝王"。在他所写的《宾至如归》一书中，其核心内容就是"一流设施，一流微笑"，这也成为了希尔顿员工眼中的"圣经"。

微笑是最好的服务，微笑是最具有感染力的语言，无论周围的环境多么糟糕，只要你能够坚持以微笑来面对，终究会呈现出冰雪消融、春暖花开的场景。因为你能表现出来的微笑是你永恒不变的魅力所在，你也完全可以凭借这样美好的微笑，征服全世界。

表现出你的尊重

在人际交往中，无论面对的是什么样的人，都不能忽视对对方的尊重，这是待人之道，也是一个人有修养的体现。而且，只有你尊重别人，才能获得别人的尊重。

在一架从华盛顿起飞的班机上，一位年轻的白人女士被安排坐在了一个黑人的旁边。这令这位女士很不快，怒目而视着身边的黑人。黑人则没有因此生气，反而回应以友善的微笑。

这时，一位乘务员从旁经过，白人女士要求给她调换座位。乘务员很有礼貌地问："请问，您有什么问题吗？"

白人女士瞪着身边的黑人道："你们把我安排坐在这样一个

让人讨厌的人的旁边，令我觉得很不舒服，请给我另换个位置。”

几分钟后，乘务员回来对白人女士说：“对不起，女士，我们的经济舱已经满了，没有位置可以调换，不过头等舱还有一个空位。”

没等白人女士开口，乘务员继续说道：“在这种情况下将乘客提升到头等舱，的确是我们以前从未碰到过的情况，不过机长考虑到这种特殊情况，认为让一位尊贵的客人跟一个令人讨厌的人坐在一起，真是太不合情理了。”

白人女士闻言面露喜色，准备起身跟乘务员去头等舱，却见乘务员转向那名黑人，问道：“先生，如果您不介意的话，机长已经为您准备好头等舱的位置，请您移驾过去。”

其他乘客纷纷鼓起掌来，那名黑人乘客在掌声中挥手走向了头等舱。

白人女士没有尊重那名黑人，因此她也没有得到大家对她的尊重。这就像当你孤独地投身于人群之中时，人群中你能感觉到的也只是孤独。一个不知道尊重别人的人，想得到别人的尊重，无疑是痴人说梦，因为尊重是相互的。

在职场之中，尤其要懂得尊重别人的重要性，它往往能够给你带来峰回路转的境遇。对他人的尊重，不仅表现在尊重他人的出身，还表现在尊重他人的意见、生活习惯和工作作风上。这是因为人各有不同，我们不能强求别人跟自己保持一样的生活观点和工作方式。因此，在与人交往中，在尽可能表达自己意见的同时，也要做到尊重别人，这样你才能结交更多的朋友，并获得帮助，而不是树立对手。

克洛是伦敦一家木材公司的推销员，多年来他总是不能容忍客户方的木材检验员的错误，对此总是尖锐地加以指责。可每次的结果都是，自己赢得了辩论，而公司的利益却受到了损失，因为对方的检验员从不改变自己的检验结果。在痛定思痛之后，克洛决定改变自己以往的做法，不再跟检验人员争论。

一天早上，克洛接到一位客户的电话，这个客户在电话中愤怒地抱怨说克洛公司运去的一车木材大部分都不符合他们的要求，他已经下令停止卸货，让克洛立刻把木材运回来。

按照克洛通常的习惯，他会和客户争辩，但这一次他没有这样做，而是放下电话，亲自向对方的工厂赶去。到达之后，他看到对方的负责人员和检验员都在等着自己，一副准备争辩

的样子。克洛让卸货的人员继续卸，并让对方的检验人员继续把不合格的木材挑出来，放到另一边，让他看看不合格木材的情况。

了解了情况之后，克洛发现之所以会有那么多不合格的木材，是因为对方的检验员把检验的规格搞错了。克洛是检验白松的内行，一眼就看出检验员的经验不足。他开始询问检验员一些木材不合格的理由是什么，希望通过了解他们的要求，避免以后送来的货再出现这种情况。

本来准备争辩的客户见克洛如此客气，也就改变了态度。对方的检验员还主动承认自己在检验白松方面的经验不足，并且向克洛请教有关白松木板的问题。克洛耐心地向对方解释了一番。对方听后全盘接受了克洛的意见，并把刚才检验过的木材又重新检验了一遍，全部接受了下来。克洛的公司也收到了全款，避免了损失。

在人际交往中，一定要讲究说话的技巧，这是尊重他人意见的表现。就像克洛一样，当他改变了自己的态度，学会尊重他人意见的时候，不但获得了对方的尊重，也为公司避免了不必要的损失。

当我们跟他人的意见相左的时候，即便自己是对的，也不要一味地坚持自己的观点，而是要在尊重对方的前提下，用事实来证明自己是正确的。与对方据理力争地争辩，不但不能很好地解决问题，还容易伤及对方的尊严，进而影响以后的合作。因此，请表现出你对他人的尊重，让双方在一种和睦的氛围内进行交流合作。这不但是一种与人交往的技巧，也是具有风度的表现。

细心也是一种风度

所谓“曲有误，周郎顾”，细心是一种素质、一种修养，更是一个人风度的体现，不是就有人“为得周郎顾，时时误拂弦”吗？只是随着人们生活节奏的越来越快，很多人已经没有了这样的一份闲情雅致，可是细心在我们的日常生活和工作中却变得越来越重要。“魔鬼存在于细节”，一个人不管从事什么职业，都必须注重工作的细节，甚至可以说，细节决定了我们做事的成败。

赵燕曾经负责一个行业博览会的宣传工作，为了配合她的工作，公司安排了一个特有文采的撰稿人阿杰来帮她的忙。阿

杰曾发表过很多脍炙人口的文章，据说能力很强，赵燕也为能和这样的一个人工作而感到高兴。

谁知，接下来的事情却并未像赵燕想象的那么美好。赵燕除了主要撰写文稿之外，还负责审查其他媒体有关此次博览会的文章，于是就把撰写新闻稿的工作安排给阿杰去做，可阿杰总是迟迟不能交稿。这还只是个开始，由于文章要经过各级领导的审查，撰写时必须非常细心，可是粗心的阿杰总是错误百出，错别字、标点符号的乱用随处可见。虽然赵燕一再提醒他要细心，可是还是不见效果，最后不得不把他辞退了。

阿杰之所以会被辞掉，就是因为他缺少一种职场上最基本的素质——细心，于是只好眼看着一份不错的工作从眼前溜走。细心是一种敬业精神的表现。对工作不细心，也就是对工作的不重视，而不重视工作的结果，只能是频繁地出现失误，严重时甚至会伤及生命。

小刘毕业于某名牌医学院，在经过一段时间的实习之后，被分配到了某地区的妇产科，据说已经能够独立进行手术了。一天，一名老医生做人工流产时，她在旁边悄声说道："出血这么少，我做时比这多。"细心的老医生闻听后，意识到了问

题的严重性，立即问道："你手术时器械进深多少？"小刘说出了进深的数字，老医生很吃惊，足足多出四分之一。老医生很生气，严厉地对她说："器械过深的话很容易造成患者出血，难道你连这个还不懂吗？你这样做是草菅人命，没看过教科书上是怎么规定的吗？上课时怎么听的讲？实习时难道也没见别人是怎么操作的？"小刘小声说："本以为做人流只是小手术，就没仔细看过书，也没认真观察带教医生的操作。"

想来都觉得害怕，难道简单就是轻视工作的理由？由此可见，无论工作的内容是什么，都应该细心地去对待，这是对工作负责任的表现。同样去进行一份工作，细心与粗心的区别是很大的，前者不但能让你把工作完成，还能精益求精；后者不但很难完成工作，而且还能造成很大的失误。上面小刘医生的例子是一个反面案例，下面这位小军司机会让我们对细心有更深刻的了解。

在一个边远的小山村里，人们想要出行去县城办事只能乘坐当地人开的面包车。县城离村里的距离不算远，但都是山路，如果驾驶技术不好，在弯曲的道路上开车会很费劲，而且因为山路迂回曲折，这就要求乘客能稳稳地坐在自己的位置

上，否则会有危险。

面的司机中有一个叫小军的中年人，他就是一个细心且具有强烈责任感的人。他认为乘客只要坐上他的车，他就有义务保障他们的安全。每次出发前，他都会检查各个车门是否关紧，甚至中途有人下车，他也要从自己座位上下来再检查一遍。他的做法并不是没有道理，有乘客在乘坐其他面包车去县城时，就因为车门没有关好，在上坡拐弯时车门滑开，紧靠在门边的乘客被甩了出去，幸好车速不快，伤势并不严重。

当今是一个注重细节的时代，很多大公司都是在细节之处见成败的。很多人在工作中不理会老板的要求，不了解同事的好恶，总以自己的尺度去衡量别人，究其实质，也是一种缺乏细心素质的体现。适当去考虑别人的想法，细致地观察、沉稳地工作才能使你从众人中脱颖出来，也才是获得成功的不二法门。

俗话说“千里之堤，溃于蚁穴”，很多本可以做成的大事情，往往会因一些小细节的疏忽而溃于一旦。所以，让自己成为一个有心人吧！请不要轻视那些生活和工作中的细微之处，你注意到了，它往往能给你带来意想不到的好处；若你对它掉以轻心，你将为此付出沉重的代价。

耐心让你的风度升值

有人称当代社会为“快餐时代”，随着生活和工作节奏的日益加快，也越来越没有人具有耐心了：一件事情如果不能立竿见影，那就转换个方向；一项工作如果不能很快获利，那就马上转行。很多人这样做，于是又有更多的人跟着效仿，却很少有人这样想过：或许再耐心地坚持一下，事情就可能会出现转机，情况也许就完全不同了。

有三个人做了善事，上帝决定奖赏给他们每人一个发财的机会，于是便分别对他们说，在沙漠深处埋藏着很大的一批宝藏，在那里等上九九八十一天，宝藏就会自动出现。

第一个到达上帝所说的地点的人，是三个人中做善事最多的人，他来到那里，发现那里除了黄沙漫天之外什么都没有。三天过去了，一向喜欢和人说话的他倍感寂寞，开始自娱自乐地唱起了歌；一个星期过去了，无聊越来越多地出现在他的身边，唱歌已经无法缓解他的不耐烦了，他开始大吼大叫；十天过去了，他觉得自己的生命就要被这沙漠消耗掉了，于是，他离开了沙漠。

第二个到达的人，随身携带了很多书，他打算一边读书一边等待财宝的出现。一个月过去了，带来的书都已看完；两个月过去了，带来的书已经被他看了三遍。无所事事的他觉得再这样等下去实在是没什么意思了，宝藏到时候还不一定能出现，于是，他也离开了沙漠。

第三个到达的人是做善事最少的人，他也和前两个人一样，坐在那里等待奇迹的出现。他极力凭自己的想象力猜想着宝藏从地下长出来的样子。他忍耐着，这样一天一天过去，可以想象得到的宝藏出现的场景都被他憧憬过了，于是他又开始回忆自己的人生经历，想起自己做过的好事，他感到心情愉

快；想起自己做过的错事，他感到追悔莫及。而且他越来越发现以往自己做的好事太少了……这样想着，他忘记了时日，当他彻底想明白人生的意义时，突然传来一声天崩地裂的巨响，大地开裂，宝藏出现了。

有耐心才能获得人生的宝藏，有耐心才能登上成功的巅峰。也许很多人总认为自己是金子，却一直没有找到发光的机会，于是他们怨天尤人，甚而变得消极避世，其实，之所以他们没有发光的机会，相当大的原因是因为他们做事总是半途而废，没能坚持到底，才致使成功的机会每每与自己擦身而过。

俗话说“心急吃不了热豆腐”，成功并不是提速之后的列车，可以朝发夕至，它更像唐僧去西天取经那样，必须经过九九八十一难才能最终修成正果。因此说，没有耐心，什么事情都不可能完成，成功也只能是你眼前出现的海市蜃楼。

齐白石是一代令人敬仰的书画大师，除了擅长书画，他对篆刻也有着极高的造诣。人们经常对他的书画和篆刻作品赞叹不已，却不知道他是用怎样的耐心和毅力，才磨炼出如此功力的。

开始学习篆刻的时候，齐白石对自己的篆刻技术很不满意，便去向一位老篆刻家求教，老篆刻家说：“你去挑一担础

石回家，要刻了磨，磨了刻，等到一担石头都变成了泥浆，那时再对比一下你现在刻的东西，就知道自己刻得好不好了。”

听了老篆刻家的话，齐白石马上就挑了一担础石放到自家的院子里，从此之后，他就一边刻，一边磨，同时还拿古代篆刻艺术品来对照、琢磨。时间就这样夜以继日地过去了。齐白石的手上不知磨出了多少个血泡，慢慢地，担子里的础石越来越少，而地上淤积的泥浆却越来越厚。最后，一担础石终于在齐白石的手里被化成了泥浆。

这样夜以继日地耐心打磨，不仅磨砺了齐白石的意志，而且也使他的篆刻艺术得到了很大的提高，并最终达到了炉火纯青的境界。

其实，成功并没有我们想象中那么困难，只要我们有耐心等到成功的那一刻。可就是这样一个简单的道理，却被很多人忽略了。

一位牧师问世界激励大师博恩·崔西：“你知道有关南非树蛙的任何知识吗？”

“不知道。”博恩·崔西摇摇头，有些惊讶地回答。

“你也许根本就不想知道有关树蛙的知识，不然你可以每

天花十分钟的时间去阅读相关的资料。五年之内，你就能够成为南非树蛙的专家。你想想看，只需要五年时间，每天只需阅读十分钟的资料，你就能成为专业人士。”

牧师的话很有道理，我们大多数人每天都是在忙碌地混日子，很少有人愿意抽出哪怕十分钟的时间去做一件小事情。他们从未意识到，哪怕是一点点的进步，日积月累地坚持下去，也是很大的成就，而这就是耐心的力量。

第四章

表现你的交际能力

礼貌是交往的基础

中国素来以“礼仪之邦”著称于世，待人彬彬有礼向来也被国人视为传统的美德。随着时间的推移，现今拥有这种美德的人，更会受到人们的喜欢和尊重，尤其是在社交场合。可以说，礼貌是人与人之间交往的基础，适当地表现出你的礼貌，会让你更具有亲和力，获得更多的帮助和友谊。

古往今来，很多人就在这待人的礼貌问题上占了很大便宜，也有的人因此吃了很大的亏。

三国时期的曹操就因礼贤下士，得到许攸的帮助；后来又因为态度傲慢，与张松失之交臂。

在官渡之战中，面对袁绍的十万精兵，曹操明显处于劣势。就在他为如何击败袁绍而一筹莫展的时候，谋士许攸的到访使他欣喜若狂，顾不得穿衣服，打着赤脚就慌忙出来迎接，并对许攸款待有加，十分尊重。这使得在袁绍处很不得志的许攸大为感动，于是当即为曹操出谋划策，让其奇袭乌巢，烧了袁绍的粮草辎重，进而为大败袁绍打下了基础。

但是，正当他志满意得、不可一世的时候，西川的张松携地图前来，他却态度傲慢，对张松爱搭不理的，甚至稍有言语冲突，便喝令用棍棒将张松赶了出去，以至于给人留下“轻贤慢士”的坏印象，最终致使张松改变注意，把本来要献给他的地图转手献给了刘备。一张地图或许是一件小事，但却关系到战事的胜败，这是曹操不能以礼待人而付出的惨痛代价。

很多人觉得有没有礼貌只是为人处事中的一个小细节，不会产生什么重大影响的。其实不然，细节是最不允许被轻视的，大事的成败往往都是由细节决定的。在与人交往的过程中，礼貌更是不能忽视的小细节。

20世纪30年代，在德国的一个小镇上住着一个犹太传教士，每天早晨他总是按时到一条幽静的小路上锻炼身体。对于

从这里经过的每一个人，他都礼貌地打一声招呼："早安!"

小镇上有一个叫米勒的年轻人，他性格冷漠。每天他经过那条小路，见到传教士时，传教士不管他的反应如何，都会跟他热情地打招呼，即使是米勒连头都不点一下，传教士也未曾放弃自己的礼貌。几年以后，德国纳粹党上台执政。传教士和镇上的犹太人都被纳粹党集中起来，送往集中营。下了火车，列队前行的时候，有一个手拿指挥棒的军官，在队列前挥舞着指挥棒，叫道："左、右！"指向左边的将被处死，指向右边的则有生还的希望。轮到点传教士的名字了。当他无望地抬起头来，眼睛一下子与军官的眼睛相遇了。传教士不由自主地脱口而出："早安，米勒先生。"

米勒先生听到传教士的问候，依然没有任何反应，还是板着一副冷酷的面孔，但最后他还是禁不住说了一声："早安。"声音低得只有他们两人才能听到。然后，就见他果断地将指挥棒往右边一指。

就因为这么一句短短的问候，传教士终于获得了生的希望，而这一切只源于他长久坚持下来的礼貌待人的态度。

不要轻视这样一句礼貌的问候，它所表达出来的是一种无比真诚的尊重，胜过任何华丽言语的赞美。因此，无论任何时候，待人以礼貌永远都不会错。

南朝时有位名叫陆晓慧的齐国人，为人严谨随和，曾做过几个王的长史，可以说是达官贵人了。可是即便是这样的身份，一般的僚属部下来拜见时，他都会很有礼貌地站起来迎接，临走时还彬彬有礼地把来人送出去。陆晓慧的这些做法令他的朋友很不解，就劝他说：“长史这官位够尊贵的了，您没有必要对比自己官位低的人也这么客气！”陆晓慧听后淡淡一笑，说：“我生性讨厌人们无礼，怎么能不时时以礼待人呢？”

就是秉承着这样的一种行事原则，陆晓慧在礼貌对待他人的同时，也得到了他人对自己的尊重和敬仰，从而使得他与人的关系都非常和谐，结交了很多朋友。

可以说，礼貌是人与人之间交流的一个基础，也只有建立在这样的一个基础上，人与人之间才能更好地交往。一个人一旦给人一种没有礼貌的印象，别人就会用同样的方式来对待他，从而失去了继续交往下去的前提。

年轻时的普希金很喜欢跳舞，在一次舞会上，他邀请一位

小姐跳舞。这位小姐漂亮高贵，傲慢地瞅了普希金一眼，带着嘲笑的口吻说：“我可不想带着一个小孩子跳舞。”普希金闻言，装出万分吃惊的样子，并略带幽默地说：“对不起小姐，我并不知道你正怀着孩子呢！”一句话令这位漂亮的小姐万分难堪，只好狼狈地逃出了舞场。

无论是在职场上还是在平时的工作中，礼貌都应该是我们恪守的行为准则之一，这不但是对人表示友好的一种方法，也是你个人修养的表现，更是你卓越交际能力的体现。

真诚不可缺少

美国心理学家安德森曾经做过一个试验，他制定了一张表，列出550个描写人的品性的形容词，让大学生们指出他们所喜欢的品质。试验结果明显地表明，大学生们评价最高的性格品质不是别的，正是“真诚”。在8个评价最高的形容词中，竟有六个(真诚的、诚实的、忠实的、真实的、信得过的和可靠的)与真诚有关，而评价最低的品质是说谎、装假和不老实。

心理学研究指出，任何人的内心深处都有隐蔽的一面，同时又有开放的一面，希望获得他人的理解和信任。只是所开放的一面也不是无限制的，它是定向的。只向自己信得过的人开

放。为什么这样说呢？因为无论任何人，包括我们自己在内，只有对那些以诚待人，能够获得自己信任的人开放自己的心灵，并且在经过一系列的了解和深交之后，我们才会用全部身心帮助自己的朋友。同时，在我们用真诚去帮助朋友的时候，也才会换来他人对我们的真诚。如果人们在发展人际关系、与人打交道时，去除防备、猜疑的心理，代之以真诚，往往能获得出乎意料的好结果。

在人与人之间的交往中，大多数人都喜欢诚恳可靠的人，而对那些虚伪、阴险的人则敬而远之、时刻提防。这就反映了人们对真诚品格的喜爱。一个人具有了真诚无私的品质就能给自己增添许多内在的吸引力。待人诚实守信能更多地获得他人的信赖，得到更多的支持和帮助，从而获得更多成功的机会。

初来北京的乔琪既没有很高的学历，也没有丰富的工作经验，可是却很快找到了工作，这很让她的一些朋友感到意外。来北京之后，乔琪只参加了一次招聘会，便有一家知名的大企业通知她去面试。当时朋友都认为凭她的学历和经验进这样的公司希望不大，乔琪也就抱着试试看的心态去了。到了那家公司之后，主考官先询问了她一些基本情况，然后就拿着乔琪的简历问：“你有些专业课成绩很高，古代文学是90多分，还

有现代汉语。”乔琪笑了笑，说：“当时是按照老师的要求背的，都是死记硬背，现在都忘得差不多了。”主考官听后也随之笑了笑。面试完之后，乔琪自己也觉得没希望，可谁知几天之后，那家大公司居然打来电话通知乔琪去上班。这让乔琪觉得难以置信。后来在一个恰当的机会，乔琪向当时的主考官提出了自己的疑问，主考官说：“其实也没什么大的原因，就是我当时觉得你很真诚，在现今这个社会里这是很难得的。”

真诚是人与人相处的基本原则。只要你真诚地对待别人，别人也才会真诚地对待你，并给予你他能够给予的机会。因为真心诚意不仅可以解除对方的武装，还可以激起对方同情之心，因而动摇了他自己的立场——“看他那么真心诚意，就接受他的要求吧!”一般人总是会这样想。因为拒绝，自己多少也会自责，认为自己太无情了，从而难过半天。这是人性中“善”的作用，是很奇妙也很微妙的现象。

在美国南北战争期间，有位姑娘找到林肯，要求总统为她开一张去南方的通行证。

林肯说：“战争正在进行，你去南方干什么呢？”

姑娘说：“去探亲。”

“那你一定是个北方派，你去劝说一下你的亲友们，让他们放下武器。”林肯高兴地说。

那姑娘说：“不!我是个南方派，我要去鼓励他们，要他们坚持到底，绝不失望。”

林肯很不高兴：“你以为我能给你通行证吗？”

姑娘沉着地说：“总统先生，我在学校读书时，老师就给我们讲诚实的林肯的故事，从此，我便下定决心要学习林肯，一辈子不说谎。我不能为了一张通行证而改变自己说话、做事都要诚实的原则。”

林肯被姑娘诚挚的话语打动了，他在一张卡片上写道：“请让这位姑娘通行，因为她是一位信得过的姑娘。”

不管是在工作还是生活中，真诚都是我们与人交往的通行证，没有人不喜欢真诚，因此拥有这张通行证的人，必然会受到人们的喜欢和欢迎。大量的研究也都证明，真诚是人们所期待的交往方式。真诚会让人们觉得你是可以值得信赖的，在交往中，彼此表现真诚，互相理解、互相信任，才能在感情上产生共鸣，才能使交往关系得到巩固和发展。

也许，真诚的人没有大红大紫的荣耀，却也没有叶萎花落

的悲哀。他一时得不了大利，长远也吃不了大亏；他不是社交圈子的中心，也不会成为生活空间的弃儿；他没有结交三五天便亲密无间的哥们儿，却有相处数十年能心心相印的朋友。

所以说，在每个人的人际交往中，最不能缺少的就是真诚，只有当我们对他人多一点儿真诚，与人交往起来才会少一点儿误会，少一点儿摩擦，多一些快乐。

信任是交往的关键

一个年轻人经过一家公司的层层考核，好不容易才得到了一份销售工作。谁知勤勤恳恳地干了大半年，工作不但没有任何起色，还在接手的几个大项目上接连遭受到失败的打击。可是看看身边的同事，每个人都干出了自己的成绩。他终于不能继续忍受下去了，觉得自己不适合这份工作，于是他来到总经理办公室，说自己想要离开公司，并说出了自己的理由。谁知老总不但没有批准他的辞职申请，反而对他说："不要着急，还是回去安心地工作吧，我相信你是适合这份工作的，也一定能够做出成绩。到那时，你若是还坚持要走，我不会再挽留你。"

老总对自己的信任很让年轻人感动。他想，即便是自己真的要走，也总该做出一两件像样的事来。于是，在往后的工作中他不但更加勤恳，也多了一些冷静和思考。

一年的时间很快就过去了，年轻人再一次来到了总经理办公室。只是不同的是，这一次他并非是来辞职的，他已经连续七个月在公司销售排行榜中高居榜首，成了当之无愧的业务精英。他现在觉得，这份工作实在是再适合自己不过了！不过让他想不明白的是，一年前，老总为什么会对一个败军之将如此信任呢？

“要说你不甘心，其实我比你更不甘心。”

看到年轻人一头雾水的样子，老总便进一步解释说：“当初公司招聘的时候，收到了一百多份应聘材料，我亲自面试的人数就有二十多个，最后只把你一个人留了下来。如果一年前我接受你的辞职，不但你是失败者，我无疑也是失败的。所以我深信，既然你能在应聘的过程中得到我的认可，也就一定能够得到客户的认可，而之所以大半年都没做出成绩，并不是你能力不够，只是缺少机会和时间。因此，与其说我对你很有信心，倒不如说我

对自己很有信心。我很确定，自己绝对没有用错人。”

每个人都希望得到别人的信任和认可，这是人的一种心理需求，尤其是在这个竞争愈加白热化的职场中，信任似乎犹如高空中稀薄的空气，可也正是因此，信任才会变得越加有价值。试想这个年轻人如果当初没有从老总那里得到信任，也就不会相信自己能做好这份工作，更不会连续七个月高居公司销售排行榜的榜首了。而在那样的一种心态下，即便换另外一份工作，若仍旧得不到信任，也只能让自己继续保持在最初的状态。

其实，不光是在工作中，人在任何时候都不能没有信任。信任是人存活的根本，它给人们提供维系生命的养料，就像枝繁叶茂的大树都有粗壮的树干一样。只是要想获得别人的信任，自己就必先要做一个值得信任的人。

公元前4世纪的意大利等级森严，刑法苛刻。一个叫皮斯阿斯的年轻人不小心触犯了当时的国王，便被判以绞刑，即将在某个法定的日子被处死。

皮斯阿斯的父亲早年身亡，一直和母亲相依为命。眼看自己就要被绞死了，他很希望能与母亲见最后的一面，以表达自己不能为母亲养老送终的歉意，可是他的母亲远在百里之外，

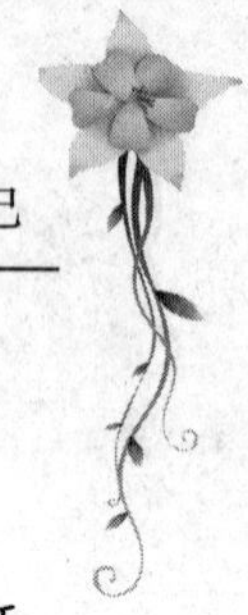

该怎么办呢？他把自己的这个要求通过别人告知了国王。国王为皮斯阿斯的孝顺所感动，决定让他回家与母亲相见，不过条件是，必须得有另一个人替皮斯阿斯来坐牢，而且若皮斯阿斯不能按时回来的话，这个代替坐牢的人就要被绞死。这个条件无疑是不可能实现的，试想有谁会冒着被绞死的危险替他坐牢呢？这无疑就是自寻死路。

谁知偏偏就有这样一个不怕死的人，他情愿代替皮斯阿斯坐牢，让皮斯阿斯回去和自己的母亲告别。这个人就是皮斯阿斯的朋友达蒙。他相信皮斯阿斯一定会按时回来的，他知道自己的朋友——皮斯阿斯是一个人值得信任的人。

日子一天又一天地过去了，而皮斯阿斯却如同泥牛入海一般，一去不回了。行刑的日期到了，皮斯阿斯仍旧没有回来替换达蒙。人们开始议论纷纷，都说达蒙上了卑鄙的皮斯阿斯的当了，也有人说达蒙是个傻瓜的，明明是自寻死路。

行刑的那天下起了雨，当达蒙被押赴刑场时，每个人都咬牙切齿地痛骂皮斯阿斯的卑鄙，都用同情的目光注视着达蒙，当然，其中也不乏幸灾乐祸的人。可是刑车上的达蒙似乎并未

注意到这些，他不但面无惧色，反而有一种慷慨赴死的豪情。

追魂炮点燃了，绞索也被挂在了达蒙的脖子上。胆小的人见此情景吓得紧闭双眼。就在这千钧一发的时候，一个人从淋漓的风雨中飞奔而来，并高声喊着：“我回来了！我回来了！”

人们都不敢相信自己的眼睛，皮斯阿斯居然真的回来了，回来替换达蒙，回来送死。但事实的确是这样，不容任何人怀疑。这个消息犹如长了翅膀，很快国王也知道了。国王根本不相信这会是真的，于是亲自赶到刑场，他要亲眼看一看皮斯阿斯是不是真的回来了。当国王看到皮斯阿斯和达蒙两个好朋友果真就站在那里时，万分喜悦，亲手过去为皮斯阿斯松了绑，并当场赦免了他的罪行。

这就是信任的魅力，它可以使一个人不再顾虑个人的生死，只为了兑现自己的承诺；它也能让一个人慷慨地奔赴刑场，只是因为心里有对对方的信任。

用赞美打动人心

赞美在人际交往中就如同百试不爽的润滑剂，可以使双方在一种和谐的氛围内促进彼此之间的交流和交往。爱听溢美之辞是人的天性，当你被别人赞美的时候，心中会油然而生一种优越感和满足感，即使明知道对方的话出于恭维，你也会觉得很受用。这是任何人都不可能抵抗的“糖衣炮弹”，不论他是贩夫走卒，还是圣人贤达。

在纽约的一家社区里，新开设的门市都装上了自动门，可是附近的一家超级市场却还没有安装。每天人们去市场买东西的时候，都会看到一个长得胖乎乎的小男孩站在超级市场的玻

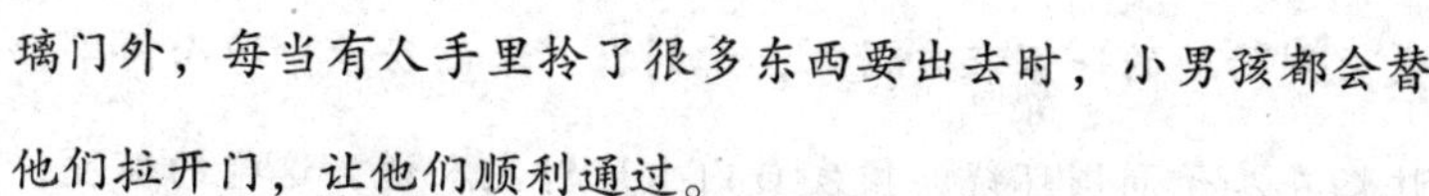

璃门外，每当有人手里拎了很多东西要出去时，小男孩都会替他们拉开门，让他们顺利通过。

一次，有位顾客问小男孩：“你在这里看门很长时间了，一定赚了不少的小费，你都拿去做什么了？”

小男孩很诧异地看了看这位顾客，回答说：“什么？他们从没给过我钱。可是他们都对我说‘你真好，谢谢。’”

就是这样一句简单的赞美之词，成了小男孩乐于做这件事而不知疲倦的动力。这就是赞美的力量。

威尔太太喜欢去世界各地旅游，并且结识了很多朋友。对于这一点，她身边的朋友都觉得很奇怪，因为看上去威尔太太并不是那种非常具有亲和力的人。看到朋友质疑的样子，威尔太太笑着说出了自己的秘密。

每到一个地方，在向当地人问路或者与他们交谈的过程中，威尔太太总不忘记由衷地赞美对方。看到抱着孩子的母亲，她总是赞美孩子如此乖巧可人；看到同游的情侣，她总会告诉他们，看起来他们是如此般配。

一次在加州旅行，傍晚的时候还没有找到住处，于是威尔

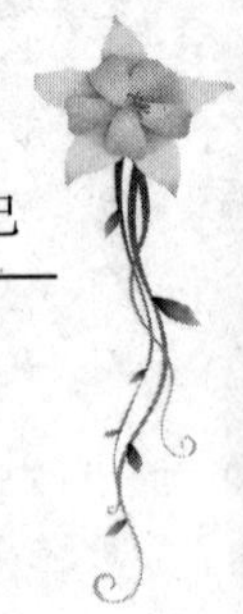

太太到附近的一家农户借住，看到农户家的房子干净而简单，炊烟在房子周围环绕，便发自内心地对主人说，这样的环境，这样的田园生活是她一直向往的，没想到他们一直就在过着这样一种美好的生活。农夫夫妇听了威尔太太的话，憨憨地笑着，热情地要求威尔太太在他们简陋的家中住下，并拿出他们最好的食物款待了威尔太太。

人都是感性的，渴望被肯定，别人对自己的一句有意或无意、夸张或实在的赞美通常会让自己高兴一阵子。因此，请不要忽视自己对别人的赞美，对于说话者本人或许只是一句简单的话语，可是对于听话者来说却并不是一句简单的话语这么简单，有时候一句不经意的赞美往往会成为一个人前进的动力，让他有信心面对生活中的困难和挫折。

一直以来，露丝在班里的成绩都稳定地处于中等，没有一次考得特别好，也没有一次考得特别糟。然而这种情况却在一次考试之后改变了。那次老师在全体同学面前表扬了露丝，说她是一个非常上进勤奋的学生，相信她的成绩一定可以再上一层楼。生性腼腆的露丝从未受到过这样的表扬，当时就涨红了脸。就是老师不经意间的一次表扬，在一个学期后发生了神奇的效果，露丝

的成绩一路攀升，到学期末已经跃进到了前三名，而且原本孤僻的她开始和同学们交往，逐渐变得开朗起来。

多年之后，露丝已经成为了一名非常优秀的翻译官，忆及当年成绩之所以会突飞猛进，并一直保持到大学毕业的原因时，她说："就是当年班主任的那句'露丝是个非常上进勤奋的学生'，让我相信自己能够做得更好。"

尊重和荣誉是人的第二生命。当你赞美别人的时候，好像用一支火把照亮了别人的生活，使他的生活更加有光彩；同时，这支火把也会照亮你的心田，使你在这种真诚的赞美中感到愉快和满足，并激起你对所赞美事物的向往之情，引导自己朝这方面前进。赞美就像润滑剂，可以调节相互间的关系；赞美又像协奏曲，那和谐悦耳的声音让人如痴如醉；赞美犹如和煦的阳光，让人们享受到人间的温情；赞美像催春的战鼓，给人以振奋和激励。

一位女士加一个进修班，她按班上要求，请丈夫写下可以使她成为更好的妻子的六个意见给自己。谁知第二天早上她得到的却是一束鲜花，上面有丈夫留给她的一张纸条："我实在想不出要你改变自己的六件事，我爱的就是现在的你。"

后来，这位女士的丈夫跟同事说起了这件事，最后问同事道："你猜，当天晚上我回家谁在门口等我？"

"你太太？"

"你猜对了，我的太太。她的眼睛里充满了泪水，极高兴地感谢我对她的赞美。"

赞美其实是一门语言艺术，但现实生活中，并非人人都善于赞美。伏尔泰曾说："我们没有办法常常使人感到满足，但我们可以时常把话说得使人高兴。"但有的人却不善于表达，虽然他们明明欣赏他人的行为，只是不知道该如何表达。那么切记：用自己的赞美去打动他人的心吧，只要你的赞美是出于真诚的，即便你过去确实很少去夸奖你身边的人，现在正是你需要改变自己的时候了。

用心去倾听

随着职场竞争越来越激烈，人们为了在众人之中突出自己，早已习惯了叽叽喳喳地说个不停了。好像如果不这样，就不足以让别人注意到自己。其实，多说话并不是表现自己的一种好方法，尚且不考虑言多必失这方面，光从个人修养和成熟与否的方面来讲，倾听才是一个人更需要的沟通方式。因为这个世界上并不缺乏若悬河般的口舌，缺少的恰恰是懂得倾听的耳朵，就如同这个世界并不缺少美，而是缺少一双发现美的眼睛一样。

有人说，惩罚一个人最残酷的手段就是剥夺他倾听的权

利，因为他不能够倾听，也就没有了可倾述的对象。而一个人最难以忍受的就是有苦说不出的痛楚。

一位马夫养了很多马，他最喜欢其中的一匹老马。这匹老马很有灵性，马夫经常对它倾诉自己的快乐和烦恼。每当此时，老马仿佛听懂了似的，总会用脖子蹭蹭主人的脸。后来，老马死了，马夫也曾尝试着向别的马倾诉，可它们总是来回摇摆着脑袋，不让马夫靠近。再也找不到倾诉对象的马夫不久之后发疯了。

在人际交往之中，倾听是一门学问，而能够掌握这门学问的人，无疑也是最受欢迎的人。因为在你倾听对方讲话的过程中，别人首先感觉到的就是你对他的重视和理解。或许不是所有人都会像这个马夫那样，因找不到倾述对象而苦闷得疯掉，但可以肯定的是，在人的天性中，都有被他人重视和理解的渴望，这是每个人都有的本能需求。

圣诞节到了，一个身在异国他乡的英国人为了能够赶回家与父母、妻子、儿女团聚，在极其恶劣的天气情况下，还是毅然坐上了回家的飞机。可谁知飞机在飞行的过程中，骤然遇到了强烈的冷气流，脱离了轨道，机身颠簸得很厉害，又和机

场方面失去了联系……这个英国人想到自己有可能再也见不到家人了，不由得万念俱灰，痛哭着写下了遗书。就在这时，飞机在驾驶人员的努力下安全着陆了。死里逃生的英国人万分欣喜，把遗书放到自己的上衣口袋里，就迫不及待地打车往家赶。在车上他想，回家后一定要和家人好好说说自己的遭遇，让他们知道为了回家自己刚刚经受了多么惊险的磨难。可是回到家之后，却发现家人们都沉浸在圣诞节的欢乐氛围中，根本没有人愿意坐下来倾听他的倾述，而且看起来自己更像是一个可有可无的人。这个英国人感到一种从未有过的痛苦，想自己冒着那么大的危险赶回来和家人团聚，可家人却根本没有顾及到他的存在，被忽略的失落感深深地攫住了他……当天夜里，这个英国人在阁楼上用绳子结束了自己在空难中保存下来的宝贵生命。

无论是在生活还是在工作中，我们都必须知道大胆地表达出自己的看法和见解是表现自己的一种方法，但比这个方法更为有效的却是倾听。通过倾听你不但能够赢得他人的好感和信任，还能走进对方的内心，因此，在职场上，做一个观众永远比做一个演讲者重要。

猴子王国是一个出演说家的国度，王国里的臣民们个个都很健谈，针对一个问题，它们往往能争论几天几夜，个个争辩高手滔滔不绝的吵闹声把整个森林都吵得不得安宁。

不知为什么，近日来森林里的植物和动物越来越少，天气也越变越坏。整个猴子王国面临着生存危机。猴王看到这种情况很是着急，赶忙召集臣民们商量一下该怎么办？猴子们一听，马上七嘴八舌地争论开了，有的猴子认为应该坚守家园；有的猴子说应该发动战争，到邻国掠夺资源；还有的猴子建议加快科学研究的步伐，以改善恶化的环境……围绕着这样几个话题，众猴子们展开了激烈的争论，可是争论了很多天，还是没能达成一个一致的结果。面对这种情景，猴王也不知道该怎么办了。这时候，猴王看到一个叫沉默的老猴子并没有参与众猴的争论，而是吩咐自己的家人准备搬迁到别的森林。猴王觉得很奇怪，就上前问老猴子为什么不和大家一起商讨出一个好的办法？老猴子回答说：“我觉得大家的话都很有道理。不过我还听苍鹰说，伐林队正在往森林里开来；听喜鹊说，人们正准备把森林变成良田；连老虎都说森林在缩小，能找到的食

物越来越少，它也准备搬走呢。所以我觉得，大家还是准备一下，赶快搬家吧。”

众猴听了老猴子的话后，马上停止了争论，稍微安静了一下，就马上都跑回去准备搬家了。

每个人都觉得自己的道理是最正确的，每个人都想用自己的声音压倒别人，却浑然忘记了，别人也是同样这样认为的。因此，针对每个人都希望别人倾听自己说话的内心需求，请选择做一个倾听者吧。因为说话的时候我们是在输出信息，而倾听的时候则是在获取信息，这更有助于我们在沉默中了解事实，知道真相。那些最有能力解决问题的人，往往不一定是最能把对方辩得体无完肤的人，但一定是最擅长倾听的人。

在我国众多的帝王之中，唐太宗是一个最懂得倾听的君主，他深知“偏听则暗，兼听则明”的道理，甚至为此广开言路，重用那些敢于直言的人，虚心听取大臣的见解，积极采纳魏征等人的治国良策，最终开创了“贞观之治”的繁荣局面，成为一代明君。

倾听是一种修养，谦虚的人善于倾听；倾听是一种智慧，聪明的人善于倾听；倾听还是一种尊重，只有懂得尊重别人的人，才能得到别人的尊重。

主动与别人结识

美国总统罗斯福社交能力极强。在早年还没有被选为总统的时候，一次参加宴会，他看见席间坐着许多他不认识的人。如何使这些陌生人都成为自己的朋友呢？罗斯福稍加思索，便想到了一个好办法。

他找到一个自己熟悉的记者，从他那里把自己想认识的人的姓名、情况打听清楚，然后主动走上前去叫出他们的名字，谈些他们感兴趣的事。此举使罗斯福大获成功。此后，他运用这个方法，为自己后来竞选总统赢得了众多的有力支持者。

在现实生活中，许多人似乎有一种“社交恐惧症”，他们

总是不愿主动向别人伸出友谊之手。你或许有过这样的经历：在一次大家都相互不熟悉的聚会上，90%以上的人都在等待别人与自己打招呼，也许在他们看来，这样做是最容易也是最稳妥的。但其他不到10%的人则不然，他们通常会走到陌生人面前，一边主动伸出手来，一边做自我介绍。

我们为何不能试着做出改变呢？当你也试着向陌生人伸过手去，并主动介绍自己的时候，你就会发现这比你被动站在那里要轻松、自在得多了。其实，你可以仔细回想一下，我们身边的朋友哪一个开始不是陌生人呢？正因如此，怀特曼说："世界上没有陌生人，只有还未认识的朋友。"

懂得怎样无拘无束地与人认识，是我们必备的一个社会生存技能。它能扩大自己的朋友圈子，使生活变得更丰富。而罗斯福所用的这种主动与陌生人打招呼并保持联系的办法，正是许多大人物都普遍采用的做法。主动向别人打招呼和表示友好的做法，会使对方产生强烈的"他乡遇故知"的美好感觉和心理上的信赖。如果一个人以主动热情的姿态走遍会场的每个角落，那么他一定会成为这次聚会中最重要的、最知名的人物。甚至有人说，大人物和小人物最主要的区别之一，就是那些大人物认识的人比小人物要多得多。而大人物之所以能够认识更多的人，就是因为他们总是乐于和陌生人交往。从这一点上看，做一个大人物并不难，只要你肯把手伸给陌生人就可以了。

在这个世界上，各个行业都有许多出类拔萃的人物，他们的影响是非同小可的，对于我们来说，必须要利用与他们正面接触的机会与他们建立起良好的关系，这对你的前途至关重要。不要等待，一味地等待只能使你错失良机，绝对不可能使你建立起良好的人际关系，你应该积极地主动地一步一步地去做。

有一个男孩，当他要结交新朋友时，他总是先想方设法弄到对方的生日，然后悄悄地把他们的生日都记下，并在日历上一一圈出，以防忘记。等这些人生日的那天，他就送点小礼物或亲自去祝贺。很快，那些人就对他印象深刻，把他作为好朋友了。可以想到，这位朋友身边的朋友将会越来越多，他的事业也将会越来越兴旺发达。

其实，在各个场合，你同样有许多接触他人的机会。如果你想接近他们，让他们成为你人际关系网中的一员，你就必须为此付出努力。譬如，有朋友请你去参加一个生日聚会、舞会或者其他活动，你不要因为自己手头事忙而懒得动身，因为这些场合正是你结交新朋友的好机会。又如新同事约你出去逛逛商店，或者看场电影什么的，你最好也不要随便拒绝，这是一

个发展关系的好机会。

因为人与人之间接触越多，彼此间的距离就可能越近。这跟我们平时看一个东西一样，看的次数越多，越容易产生好感。我们在广播和电视中反复听、反复看到的广告，久而久之就会在我们心目中留下印象。所以交际中的一条重要规则就是：找机会多和别人接触。

如果要想成功地找到一个与其他人接触的机会，你就必须对他的作息时间、生活安排有所了解。比如对方什么时候起床、吃饭、睡觉，什么时候上班、回家，从这些信息出发再确定跟对方接触的方式。如果打个电话，对方不在或者去找他时他正好很忙，这样就白费力气。因此，详细把握对方的工作安排、起居时间、生活习惯等因素再同其打交道，是很容易获得成功的。

在人际交往中，主动才能更好地与人结识，也才能为自己创建一个更好的人际关系，从而赢得更多的成功的机会，而被动只能眼睁睁地看着机会从自己的身边溜走。所以，请主动伸出你的手与他人结识吧，或许就在你伸出手的同时，成功的机会也就被握在手中了。

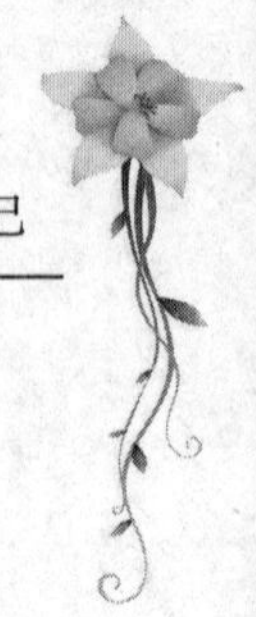

助人也是助己

从前有个生意人，他在集市上买了一头驴子和一匹高头大马。生意人望着趾高气扬的高头大马满心欢喜，于是随手就把所有的货物都放到了驴子背上。

走了一段，驴子感觉不堪重负，就对马说：“我亲爱的伙伴，现在主人将所有的货物都放在我的身上，我实在背不动了，你能替我分担一些吗？”

“说不定主人马上就会骑到我背上来的，所以现在我不能帮助你啊！”马悠然地说。

就这样，又走了很长的一段路程，驴子实在坚持不住了，

便再次气喘吁吁地对走在前面的马说：“我的朋友，我真的有些坚持不住了，我真心地恳请你帮我分担一些货物吧。”

马听了驴子的话，似乎明显地不耐烦了：“既然主人把货物都放在你的身上，就应该你驮着，你别老想着让我驮，好不好？”

驴子难堪重负，竟累得死掉了。主人将驴子身上的货物全部取下来放在了马的背上，还有那条死掉的驴子的尸体也一块儿放在了马背上。这下马才知道了驴子的痛苦。

当我们把自己的东西与别人分享时，我们得到的东西就会扩大、增加。就像我们帮助的人越多，我们得到的帮助也就越多。我们每个人都能够给他人提供帮助，帮助别人并不是只有富人才能够去做的。我们每个人都能以我们自己的一部分力量帮助别人。不管我们做什么工作，我们都可以在我们的心中培养一种炽烈的愿望去帮助他人。这些帮助有时是一次微笑、一句亲切的话，或是发自内心的温暖的感激、喝彩、鼓励、信任和称赞等。

一天，有个人被带去参观天堂和地狱，以便比较之后，能聪明地选择他的归宿。他先去看了魔鬼掌管的地狱。第一眼看上去令他十分吃惊，因为所有的人都坐在酒桌旁，桌上摆满了

各种佳肴。

然而，当他仔细看那些人时，却发现这些人个个都是愁眉不展地坐在椅子边上，而且瘦得皮包骨。他再次好奇地打量着每一个人，才发现在每个人的左臂上都捆着一把叉子，在右臂上捆着一把刀，刀和叉子都有4尺长的把，这使得他们不能用它来吃东西。所以即使每一样食物都在他们手边，结果还是吃不到口中，一直在受着饥饿的折磨。然后他又去了天堂，景象完全一样——同样的食物、刀、叉和那些4尺长的把。然而，天堂里的居民却都在唱歌、欢笑。这位参观者一下子觉得困惑了，他怀疑为什么情况相同，结果却如此的不同。最后，他终于知道答案了。在地狱里的每一个人都试图喂自己，可是一刀、一叉，以及那4尺长的把根本不可能吃到东西。在天堂里的每一个人却都在喂对面的人，而且也被对面的人所喂。因为互相帮助，结果也使自己吃到了可口的食物。

如果我们帮助其他人获得了他们需要的东西，我们也会因此而得到自己想要的东西。而且我们帮助的人越多，我们所得到的也就越多。

一个年轻人，他在一家商店服务了四年。然而并未受到

店方的赏识，因此他准备寻找其他的工作跳槽。在一个阴雨天气，一位老妇人走进了这家商店里避雨，并且在商店内闲逛起来。大多数的店员对老妇人都是爱理不理的，只有这位年轻人主动地向她打招呼，并很有礼貌地问她是否有需要他服务的地方。这位年轻人陪着老妇人逛了整个商店，对各种商品进行了讲解，并且主动为老妇人提着买来的各种物品。当老妇人离去时，这个年轻人还陪她到街上，替她把伞撑开。这位老妇人对他的服务和帮助极为满意，向他要了张名片，然后径自走了。

后来，这位年轻人完全忘记了这件事，而是开始寻找更好的工作。没想到有一天，他突然被老板叫到办公室，老板给他提供了一份更好的工作，而这份工作正是他帮助的老妇人——一位富商的母亲亲自要求他担任的。

你在付出的时候越是慷慨，你所得到的回报就越丰厚。要得到多少，你就必须先付出多少。人有时候就像是一个满满的容器，只有先从里面流出去一些东西，才会有其他东西流进来。

第五章 你须具备的能力

忠诚无价

现在一提到忠诚，很多人往往会不以为然，认为我们的生活根本就不需要什么忠诚，甚至有人把怀有忠诚之心的人看成是傻瓜。他们一门心思只是对财富的向往和执著，“人为财死，鸟为食亡”，用在他们身上是再合适不过了。

现在能吸引人们眼球的东西真是愈来愈多，甚至千奇百怪。所以人们总是顾此失彼，应接不暇。于是，有相当多的人做事越来越浮躁，越来越没有耐心，为了追求自己的利益，有的人以婚姻为代价去赌自己整个人生的幸福。认为只要有了自己的物质基础，就会拥有一切。

所以，现在人们的目标纷纷转向金钱，各个商家，都以财神为“爷”，好生供奉着，都以物资钱财作为自己人生追求的目标。一个人一旦失势，没有了可供利用的价值，身边的亲朋好友就会一跑而光，而全然忘记了以前的亲情以及曾经的帮助。

“巧诈不如拙诚。”高明的骗术可能使你一时得手，但那也不过是肉包子打狗——有去无回。

其实，忠诚作为一种宝贵的精神品质，是每个人都不可缺少的。忠诚的人或许看似有点愚，实际上并不是那么回事，只是忠诚的人对人对事物比常人执着罢了。一个有忠诚品质的人，身边一定会有很多的朋友，而且他还可以得到更多的人生机遇，忠诚的人往往会成为人们争相合作的对象。

忠诚是永恒的，你一旦把忠诚的种子撒遍人生的角角落落，你的生命中收获的就会是一段段美丽的风景，它比金钱更有魅力。一个一切向“钱”看的人，注定他的人生是平庸的人生，换来的是满身铜臭堆砌而成的无情冷漠。而忠诚，则能给你的人生润色生辉，因为它注入了人性的光华，而获得了丰富的人生内涵。

你或许没有惊天动地的事业，也没有如雷贯耳的名声。如果你守住忠诚，去除狡猾虚伪，在你的人生中一定会有一片

美丽独特的风景，而且它还会长盛不衰。忠诚是我们对待自己、对待朋友、对待其他人的正确选择。它是我们完善自身的法宝，会使我们前进的道路更加宽广。忠诚是对自己的行为负责，是行动和心力的无私付出，是生活中一种步步为营的态度，忠诚会使成员之间协作更和谐，大家更容易拧成一股绳，当然会使大家一起获得成功。

试想一下，一个处处充满欺骗的社会，人们的生活还会有安全感吗？人们的生活还会有美的旋律和色彩吗？

伟大的诗人雪莱说过："在任何生命中，忠诚都是贯穿于其中的主线，甚至在一种文化中也是如此。最重要的是，它给予一个生命或一种文化以意义和情味。"

很多人对汉高祖刘邦颇有微词，认为他是一个市井无赖和流氓，我认为这种评价对他有失公允，重要的是他能集众多英才为自己所用，如果没有根本的诚信，会有很多人为他打天下吗？没有诚信作基础，他能指挥得动众多英才吗？

只有有了广大员工的忠诚奉献，才会有公司的向前发展。公司与我们的生存发展息息相关，对于公司发生的问题，我们当然不能听之任之，更不能事不关己，高高挂起。公司的兴衰不要看成是老板和管理者自己的问题，在你轻视或贬低它时，

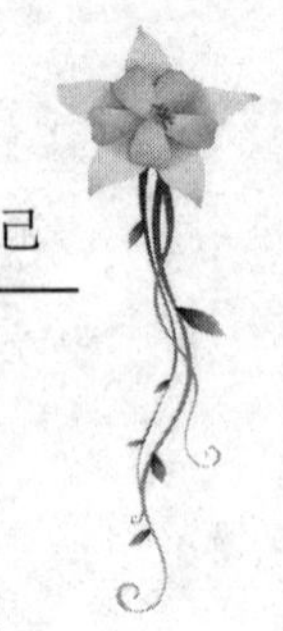

同时也是贬低你自己。所以，当一个企业在招聘员工的时候，特别是重要职位，忠诚度就会被放在首要考核的位置。

一次，美国福特公司有一台马达出了故障，公司所有的技术顶尖人才都出马上阵，但都没有查出故障原因，这让公司高层一时很着急。这个时候，有人推荐了一家小厂的技术员思坦因曼思，福特公司便把他给请了过来。

思坦因曼思来到福特公司之后，只要了一张席子放在马达的旁边，他聚精会神地听了几天之后，他在马达的一个部位用粉笔画了一条线，并注上：这儿的线圈多绕了16圈。福特公司的技术人员按照他写的建议，拆除了马达多余的16圈线后，马达能正常工作了。

福特公司总裁对这位技术员大加赞赏，给了他一万美元的酬金，然后又亲自邀请他到福特公司效力，并答应给比他在小厂丰厚的待遇，但思坦因曼思拒绝了福特公司总裁，说那家小厂在他最困难的时候帮助过他。

福特先生自然觉得惋惜不已，忽然又对他的人品欣赏不已，他开出的优厚条件居然打动不了这个技术员。当时能在福特上班，那是引以为荣的事情，他却为了忠于自己的小厂，而

甘愿放弃这一切。

时间过了不久，福特总裁在董事会上作了一个令人不可思议的决定：收购思坦因曼思工作的那家小厂。当别的董事问他原因时，他这样说："人的品质最宝贵，因为那里有思坦因曼思这样高尚的员工，难道这还不够吗？"

如果没有自己的忠诚，身在曹营心在汉，这对个人而言其实是更大的损失，因为这大大降低了自我价值的发挥，甚至对自己以后的发展毫无好处。人生总要面临很多坎坷，企业不重用你是因为你还不争气，还不具备独当一面的实力。如果你有了一定的实力，公司自然会重用你。工作哪有不吃苦的道理，如果大家都是表面一团和气，有问题不说，有错误不纠正，这样，公司还会有发展前途吗？

敬业是职业之魂

孔子称敬业精神为“执事敬”，朱熹解释敬业为“专心致志，以事其业”。现代意义上的敬业，就是尽职尽责、忠于职守、认真负责、全心全意、善始善终、一丝不苟等。我们把这些特点概括起来，用三个字来形容就是责任心。这是一种积极向上的心态，是职场从业者的基本价值观和信条。敬业是一种使命，是人类共同拥有和崇尚的一种精神。如果一个人以一种尊敬、虔诚的心灵来对待职业，甚至对职业有一种敬畏的态度，那他就已经具有了敬业精神。所以，敬业是职业精神的首要内涵，是职业道德的集中体现，更是职业的灵魂。

大家对“木桶理论”很熟悉，一个木桶所能装水的多少完全取决于最短的那块木板。如果把一个员工的各项素质和技能都看成是一个木桶，他对企业所作的贡献将取决于责任心那块木板。如果没有责任心来支撑，再多的知识、再强的能力对于公司来说都是没有多大意义的。有一项调查显示，现在大多数的用人单位已不将学历作为公司招聘的首要条件，在他们看来，正确的工作态度才是公司更需要的，其次才是工作技能和工作经验。由此可见，任何公司首先欢迎的是有责任心的员工。你的责任心有多大，你就可以走多远。

年轻的小马在一家钢铁公司谋得一职。第一天上班，他就发现在废料场上有很多炼铁的矿石并没有得到完全的冶炼。这样的情况持续下去会使公司遭受很大的损失。于是他把这种情况报告给了负责技术的工程师，但工程师很自信地拒绝了他这一建议，他绝不相信公司如此一流的技术会出现这样低级的问题。

小马无法，只好拿着没有冶炼好的矿石到公司负责技术的总工程师处反映情况。总工程师认真听完他的讲述后，出于职业的敏感他意识到，绝对是出问题了。

总工程师马上召集负责技术的工程师到车间召开现场工作

会议，果然发现了一些冶炼并不充分的矿石。经过检查发现，这只不过是监测机器上的某个零件出现了松动才导致的问题的发生。公司的董事长知道了这件事，不但奖励了小马，而且还晋升他为负责技术监督的工程师。董事长在全体工作会议上感慨地说："人才是重要的，因此我们能够拥有一流的技术。但对于一个企业来讲，它所需要的更是那些真正敬业到位的人才。"

敬业，首先是一份工作宣言。在这份宣言里，你首先表明的是你的工作态度：你要以高度的责任感对待你的工作，不懈怠你的工作，对于工作中出现的问题能勇敢地承担，这是保证你的工作能够有效完成的基本条件。

责任心，就是敬业精神的核心内容，甚至把它理解为一种崇高的精神境界也一点儿不为过。敬业，就是尊重并重视自己的职业，对此付出全身心的努力，即使付出多少代价也心甘情愿，并能够克服各种困难做到善始善终。但是在企业里，你是否会发现这样一些人，他们总是在工作中偷懒、不负责任。这样的员工，在他们的头脑中根本对敬业就没有一个正确的理解，更不会把工作当成一种神圣的使命。

有一个老木匠，他今年已经65岁了，他告诉雇主他的年纪

大了，已经干不动了，是时候该回家与妻子儿女享受天伦之乐了。老木匠一辈子老实巴交的，每次见到他总是在那里闷头干活，因此雇主也很器重他。经过再三的挽留，老木匠似乎决心已定，雇主只得答应了他的请求，但还是要求他再建造最后一座房子，老木匠为了能尽快回家只得答应了。可是，现在老木匠的心思已经不在盖房子上了，他只想快点、再快点完工，对于建筑中所需要注意的问题，他也懒得再多花费心思去琢磨，往日的敬业精神已不复存在了。

很快，房子竣工了，雇主来了，他拍拍老木匠的肩膀，把一把钥匙交到老木匠的手上诚恳地说："老伙计，这房子归你了，这是我送给你的退休礼物。"老木匠顿时感到十分震惊和悔恨，回想自己这一生盖了无数好房子，最后建了一座这样粗制滥造的房子，自己却要住进去。这真是莫大的讽刺啊！出现这样的结果就是因为老木匠没有把敬业精神贯彻到底的缘故。

所以说，一个人一生都要对自己的工作保持敬业精神，直到他退休前的那一刻；做任何事情都要善始善终，前面做得再好，也可能会因为最后一刻的放松而功亏一篑，前功尽弃。

对于敬业精神，有些员工似乎天生具有，工作对于他们来

说只要一接手就可以做到废寝忘食，但有些员工的敬业精神则需要培养和锻炼。美国著名心理学博士艾尔森对世界100名各领域中的杰出人士做了一项问卷调查，结果61%的成功人士坦言，目前他们所从事的职业不是他们内心最喜欢做的，至少不是心目中最理想的。既然他们不喜欢眼下的工作，那为何又能做得那么优秀呢？

出身于音乐世家，现如今为美国证券业界的风云人物的苏珊对此做出了这样的回答："这是我应尽的职责，必须认真对待。不管喜欢不喜欢，那都是一定要面对的，没有理由草草应付。那是对工作负责，也是对自己负责。"

"这是我应尽的职责"，这句话真的很耐人寻味，它体现出这些成功人士对他们现在所从事工作的敬重，这就是"在其位，谋其政，成其事"的敬业精神。

事实上，生活中由于种种原因，纵使那些所谓的"名门之后"也不一定从事他们所喜欢的工作，我们这些"常人"大多也会出现这种情况。但你绝对不能因为不喜欢，就成为对工作敷衍了事的借口。我们应该做的是用自己的态度来控制工作，而不是让工作来左右我们的态度。

作为一名职场人士，更应当将敬业当成一种习惯。即使在

极其平凡的职业中，处在极其低微的位置上，拥有敬业精神往往也会给我们带来极大的机会。哪怕只是从事修鞋的工作，有人把它当作艺术来做，全身心地投入进去，不管是一个补丁还是换一个鞋底，他们都会一针一线地精心缝补，这样的补鞋匠，你会觉得他就像一个真正的艺术家。反观那些没有敬业精神的补鞋匠则截然相反，在他们看来这仅仅只是一种谋生的手段。

现实生活中也常常存在着这样一群善于投机取巧、逃避责任、寻找借口的人，他们不仅缺乏对于敬业精神的一种神圣使命感，更是缺乏对于敬业精神的世俗意义的理解。一些人，本来很有才华和能力，但是他们对待工作却自由散漫，缺乏敬业精神，这种人将很难得到别人的尊重。一个对工作不负责任的人，是无法从工作中体会到快乐的。当你将工作推给他人的时候，实际上也是将自己的快乐和信心转移给了他人。

只有当我们将敬业变成一种习惯的时候，才会发现我们能从中学到更多的知识，积累更多的经验，能从全身心投入工作的过程中找到更多的快乐。如果你自认为敬业精神还不够，那么就应趁年轻的时候强迫自己敬业，以老板的心态对待公司！经过一段时间之后你就会发现，敬业已经成为你的习惯。

学习是一辈子的事

孔子一生勤奋学习，到了晚年，他特别喜欢《易经》。《易经》是很晦涩的，学起来也很困难，可是孔子不怕吃苦，反复诵读，一直到弄懂为止。因为孔子所处的时代，还没有发明纸张，书是用竹简或木简写成的，把许多竹简用皮条编穿在一起，便成为了一册书。由于孔子刻苦学习，竹简翻看的次数太多了，竟使皮条断了多次。后来，人们便据此创造出了“韦编三绝”这个成语，以传诵孔子勤奋好学的精神。社会的竞争就像一场马拉松比赛，别人都在飞奔，你自己怎么能停？所以“终身学习”已经成为十分迫切的需要。学习，在我们年轻

的时候，可以陶冶我们的情操，增长我们的知识；到我们年老时，又给我们以安慰和勉励。

苏东坡天资聪颖，在他父亲的悉心教导下，学业大有长进。小小年纪便博得了“神童”的美誉。少年苏东坡在一片赞扬声中，不免飘飘然起来。他自以为阅尽天下文章，颇有点自傲。一天，他兴之所至，挥毫写下了一副对联：“识遍天下字，读尽人间书。”他刚把对联贴在门前，便被一位白发老翁看到了，他深感这位小苏公子也太狂傲了，便想给他一个教训。

过了两天，老翁手持一本书，来见小东坡，声称自己才疏学浅，特来向小苏公子求教。小苏东坡接过那本书，翻开一看便傻了眼，那上面的字他竟一个都不认识。老翁见小东坡呆立在那儿，便又恭恭敬敬地说了声：“请赐教。”这下，小东坡的脸红到耳根，无奈，他只得如实告诉老翁，他并不认识这些字。老翁听了哈哈大笑，捋着白胡子指了指那副对联，拿过书本，扭头走了。

小苏东坡望着老翁的背影，惭愧地提笔来到门前，在那副对联的上下联前各加了两个字：

发奋识遍天下字，

立志读尽人间书。

并以此联铭志，要活到老，学到老，永不满足，永不自傲。从此，他一改以往狂浪的姿态，手不释卷，朝夕攻读，虚心求教，最终成为北宋文学界和书画界的佼佼者，博得了“唐宋八大家”之一的盛誉。

青年人必须要把自己的精力与心思，放在收集、学习与研究自己的人生之旅所需要的知识、学问与技能上面，这就是要“再教育”。如何使自己成为人才呢？首先就要弄清我们所要成为的“人才”到底有怎样的内涵？从经济层面看，人才就是为社会特别需要的人。简单地说，社会需要两种以上知识交叉相补充的人。例如机械工业很有发展前途，但是现在在机械工业里，已大量介入电脑应用，机器配上电脑则可成为附加价值更高的产品，因此其所需要的人才是既懂机械又懂电脑的人才，你若二者具备，就是他们需要的人才，你的机会就比只懂机械或电脑的人多。

在美国一般制造业的大公司里，要想升任总裁或副总裁等重要职位，就必须既要懂该公司产品制造的工业，又要懂得企业管理，只有这种人，才能将公司经营管理得更好。否则即使

你再优秀，也只不过是一名优秀工程师而已，你最多做到工厂厂长，却很难当上总裁。

彼得扎克说："在人生的这场游戏中，你应当保持生活和学习的热情，不断地吸取能够使自己继续成长的东西来充实你的头脑。"因此在美国，很多公司的工程师都跑到学校再去念一个企管硕士，如此努力地"再教育"自己，公司对此也不会视而不见的，一般这样的员工大多会有更上一层楼的机会。

在我们的工作、生活中，需要相当多的知识和技能，这些在课本上都没有，老师也没有教给我们，这些东西完全要靠我们在实践中边学边摸索。可以说，如果我们不继续学习，我们就无法取得生活和工作需要的知识，无法使自己适应急速变化的时代，我们不仅不能搞好本职工作，反而有被时代淘汰的危险。

科学技术飞速发展，据美国国家研究委员会调查，半数的劳工技能在1～5年内就会变得一无所用。特别是在软件界，毕业10年后所学还能派上用场的不足1/4。我们只有以更大的热情，如饥似渴地学习、学习、再学习，才能使自己丰富起来，才能不断地提高自己的整体素质，以便更好地投入到工作和事业中。

许多人认为"学习是很辛苦的"，曾荣获"联合国和平

奖”的日本著名社会活动家和国际创价学会会长池田大作却提出了享受“学习的喜悦”的观点。池田大作指出，人能否体会到“阅读的喜悦”，其人生的深度、广度，会有天渊之别。

终生学习在过去似乎更是一种人生的修养，而在今日，它成了人生存的基本手段。特别是近年来，新技术、新产品和新服务项目层出不穷，对就业能力的要求随着技术进步的加速也在不断变化着。标准的提高，使得技术发展的要求与人们实际工作能力之间出现了差距。由此产生了一种相当普遍的社会现象：一方面失业在增加，另一方面又有许多工作岗位找不到合适的就业者；一方面争抢人才的大战异常激烈，另一方面又有大批在岗者被迫离开岗位。伴随着知识经济的来临，企业对劳动力不再只是数量需求，更重要的是对其质量有了新的标准和需求。强化知识更新，树立“终身受教育”的观念已成为时代的呼唤。

美国公司的企业主管，在录用新职员时都说：“You will shape up or ship out.”意思是：“你要不断进取，发挥才能，否则将被淘汰。”竞争激烈的现代社会对职员的要求就是这样，突破现状、不断进取是事业成功的必备条件，也是时代的必然要求。

无论是出于外在竞争的压力，还是出于内在精神的需求，在现在这个信息时代、知识经济时代，学习不仅仅是一个学习时间的延长问题，而且必须有其方式的革命，否则，我们仍是无法适应这个时代。学习方式变革的迫切性和重要性，无论怎么形容都不会过分。

阿尔温·托夫勒把虽然想要学却不知道学习方法的人，叫作“未来文盲”。一个不懂学习方法的人，在过去不能算作一个文盲，但在未来他就是文盲，他的勤奋并不管用。“书山有路勤为径，学海无涯苦作舟”恐怕也得成为历史名言，因为“勤”和“苦”，都不再是这个时代学习方式的特征了。

终生学习，首先应当服从自身的生存目的。一个不明确自己生存目的的人，即使他改进了学习方法，即使他变得一目十行，一天能读四本书，甚至一分钟能读几万字，但他整个人生的生存状态是茫然无措的。这使我们想起了穆拉·那斯鲁丁的故事：

穆拉·那斯鲁丁在行色匆匆的人群中一路小跑着。有人问他：“穆拉，你急着去哪里？”

“我不知道。”

“那你在干什么?”

“我在赶时间。”

每一个人都一定有自己的生存目的，它或许是有意识的，或许是无意识的。但是像穆拉这样，想必他每天就是没有一刻的闲暇，他也是不会取得成功的。

终生学习、“与书为友”的人是坚强的。因为他能自在地品味、汲取古人的精神财产，运用自如。这种人才是“心灵的巨富”，以钱财来说，就像拥有好几家银行一样，需要多少就能提取多少。要达到这种伟大的境界，最重要的是养成读书的习惯。

时刻反省自我

18世纪法国伟大的思想家、文学家卢梭，在少年时，曾经将自己极不光彩的盗窃行为转嫁给一个女仆，致使这位无辜的少女蒙冤受屈，并被主人解雇。后来就是因为这件“卑鄙龌龊”的行为，使他深深地陷入痛苦的回忆中。他说：“在我苦恼得睡不着的时候，便看到这个可怜的姑娘前来谴责我的罪行，好像这个罪行是昨天才犯的。”

后来，卢梭在他的名著《忏悔录》中，对自己做了严肃而深刻的批判。他敢于把这件“难以启齿”而抱恨终生的丑事告诉世人，这也显示了他勇于忏悔的坦荡胸怀和不同凡响的伟大

人格。

罗曼·罗兰曾说："在你战胜外来敌人之前，先得战胜你内在的敌人；你不必害怕沉沦与堕落，只请你能不断地自省与更新。"

一般来说，能够时时反省自己的人，是非常了解自己的人。他们会时时考虑我到底有多少力量?我能干些什么事？我的缺点在哪里?我有没有做错什么？……这样一来，他们能够轻而易举地找出自己的优点和缺点，为以后的行动打下基础。

要在比较中进行反省。比较可以带来进步，但比较前要先了解自我，从而认清自我。否则，比较之后只是一味地模仿别人，最后也只能落得个"自我"的虚名而已。

现代社会的一大弊病，就是以自我为中心，生活中的许多麻烦也正是由此而造成的。如果我们每个人都能站在他人的角度，来反省我们自己，社会可能要纯净、美丽许多。

金无足赤，人无完人。人活在世上，谁都难免有这样或那样的缺点和错误，谁都难免有丑陋的一面。就连爱因斯坦都宣称，他的错误占90%，那么我们普通人身上的错误就更不用说了。

我们每个人都要经常反省自己，面对自己的心，一再地审视它，这样才能真正了解自己。古今中外，许多伟人和智者，就是

通过反省来战胜自己内在的敌人，打扫自己思想灵魂深处的污垢尘埃，减轻精神痛苦，从而净化自己的精神境界的。

秦昭襄王派兵侵入赵国边境，占领了几个城池。为了使赵国屈服，他后来又耍了个花招，请赵惠文王到秦地渑池去会见。蔺相如同赵惠文王一块儿赴约，廉颇在本国辅助太子留守。

蔺相如不辱使命，保全了赵国的尊严，立了大功。赵惠文王拜他为上卿，地位在大将廉颇之上。

廉颇很不服气，私下对自己的门客说："我是赵国大将，立了多少汗马功劳。蔺相如有什么了不起？倒爬到我头上来了。哼！我见到他，非要给他点颜色看看不可。"

这句话传到蔺相如耳朵里，蔺相如就装病不去上朝。

有一天，蔺相如带着门客坐车出门，老远就瞧见廉颇的车马迎面而来。他连忙退到小巷里去，让廉颇的车马先过去。这一举动，使他手下的门客感觉受到了侮辱。

蔺相如对他们说："你们看廉将军跟秦王比，哪一个更厉害呢？"

门客们说："当然是秦王。"

蔺相如说："对呀！天下的诸侯都怕秦王。为了保卫赵国，我就敢当面责备他。怎么我见了廉将军倒反怕了呢？因为我想过，强大的秦国不敢来侵犯赵国，就因为有我和廉将军两人在。要是我们两人不和，秦国知道了，就会趁机来侵犯赵国。为了赵国的利益，我宁愿容让点儿。"

有人把这件事传给廉颇，廉颇感到十分惭愧，自己和蔺相如同为赵国的柱石之臣，可是自己却只是为了自己的私利而斤斤计较，蔺相如却是那样的大度，这就愈发使他感觉到惭愧了。于是他就裸着上身，背着荆条，到蔺相如的家里请罪。他见了蔺相如说："我是个粗鲁人，哪儿知道您竟这么大仁大义，我实在没脸来见您。请您责罚我吧。"

蔺相如连忙扶起廉颇，说："咱们两个人都是赵国的大臣。老将军能体谅我，我已经万分感激了，怎么还来给我赔礼呢？"

从此以后，两人就成了知心朋友。廉颇这种知错能改的胸怀，历来为人们所传颂。

让我们来看看婴儿出生时那双清澈透明的眼睛吧，那里面所映射的天地间的任何事物，都是珍贵无比、难能可贵的宝贝。但是日复一日、年复一年，我们的眼睛开始蒙尘，同时心

灵也堆满了尘埃。每天给自己安排一段冥思的时间，对自己的一言一行进行反省，我们不但能够扫除思想上的尘埃，减轻心灵的痛苦，还能对自我有一个更好的认识，从而不断超越自我。

不创新即死亡

艾柯卡说：“不创新，就死亡。”松下幸之助也曾说：“今日的世界，并不是武力统治而是创新支配。只有努力创新，才会有前途，墨守成规或一味地模仿别人，到最后一定会失败。”

创新，就是走一条与众不同之路，创新精神是在竞争中取得先机的强有力的武器。无论是商界巨擘洛克菲勒、汽车大王亨利·福特，抑或是其他世界级“大王、寡头”等，可能也无法看懂今日的世界。或许就在一觉醒来的时候，他们就会对眼前所发生的一切感到惊讶不已，原本他们司空见惯的财富排

行榜已经发生了巨大的变化，以比尔·盖茨为首的一批原本名不见经传的“小人物”突然之间闯了进来。百年积累的汽车家族、石油帝国等等竟一下子被微软远远地抛在后边。历史已经证明了，农业时代出现的无数大大小小的农场主，必然要被洛克菲勒、福特们所取代，工业时代的石油大王、汽车皇帝等又必然要让位于新的财富霸主——信息时代、知识经济。而这一切，都是创新的脚步带动起来的。

创新意识，就是要勇于打破常规。事实上，只有那些拥有创新意识、具备创新能力的人才能提出建设性的意见，工作中才能有所突破，业绩才会不断提高。每天都有创新，那么，你的工作每天都会充满着无穷的乐趣。

年轻的洛克菲勒最初在石油公司工作的时候，由于既无学历，又无技术，便被安排去检查石油罐盖的焊接质量。这在整个公司是最为简单的工作，但也是最枯燥的工作。洛克菲勒并未因此而懈怠，他在这个不起眼的岗位上做得很认真，并且还发现了罐盖的焊接质量与焊接剂的滴速、滴量有一定的关系。为此，他留心观察了很长时间，终于发现每焊接好一个罐盖，焊接剂要滴落39滴，而经过他的周密计算，实际上每个罐盖只

需38滴焊接剂就可以完全焊接好了。在获得第一手数据之后，他在业余时间里反复试验，终于研制出“38滴型焊接机”。这种焊接机在公司普及使用后，一年下来就可以为公司节省约5亿美元的开支。也正是在此时，年轻的洛克菲勒迈出了他走向成功之路的第一步，直到最终成为世界石油大王。

创新，其实并没有想象中那么神秘，它也并不需要像爱因斯坦或是其他伟大的科学家那样的天才。你只需摒弃一切传统的看法，譬如让你的脑筋转个弯，哪怕只是一个极小的弧度，你也会有新的发现。

生活中，很多人觉得自己所从事的工作很多都是在不断的重复中度过的。仔细观察这些人，你会发现他们的工作成绩始终平平，他们的工作状态也了无生趣。“当人人都以为发生灾难时，创意却可以把它变成机会”，工作同样因为创意而生机盎然、乐趣丛生。同样地，这也是那些具有无限创意、勇于创新的员工让人刮目相看的原因。

比如，领带的颜色其实就是那么几种色调，但善于创新的设计师总是将图案的形状、位置、大小、色调等加以变化或重组，有时候是几何图形，有时候是线条，有时候是花样，有时候是素色，有时候是……变化无穷，永无止境的创新，让简单

的领带看起来总是那么光鲜多彩。

工作中，很多人对于按部就班、一成不变的工作感到厌倦，但他们又很少有勇气去尝试着改变这种情况。因为在他们的印象中，创新是企业领导的事，或者是那些绝顶聪明人的事，至少是和自己扯不上半点关系的。事实上，这就是对创新的误解，就算你只是找到一种做事的新方法，那也可以称得上是一种创新。创新可以为你一成不变的工作模式创造活力，让你的工作常常保持一种新鲜的感觉。

大部分的工作突破，都是一般人在现有的心智模式下产生的。创新可能来自常识，一些看起来很普通的东西，只要你愿意去寻找更简单、更容易、更有效率的方法，你就可以创造突破。关键在于你是否愿意创新。

伊科特兹建筑，是当今非常受欢迎的建筑形式。这个建筑形式的起源还有一个非常有意思的故事：当初，位于圣地亚哥的伊科特兹旅馆由于只有一部电梯，使用起来非常不便，因此旅馆决定再建一部电梯，并召集工程师与建筑师讨论解决方案。讨论的结果是，他们决定将旅馆由底部到顶楼开一个洞。这时，一位旅馆的警卫来到专家们的面前提出了他的置疑：“如果你们这么干的话，整个旅馆内到处都会是灰

尘、砖块等。”专家回答：“这没问题，施工期间旅馆会关闭的。”“那可能很多人会在施工期间失去工作的！”警卫又说：“为什么不在旅馆外面建电梯呢?”这样，伊科特兹式的建筑风格诞生了。瞧，创新真的很难吗？其实只要你多想一点儿罢了！人类生存的意义也就在于此。

其实，每个人都有一定的创造力，只是大多数人并没有学会如何去开发、应用它。人如果离开了创新，即使再勤奋，他所创造的价值，也不会比一名搬运工多多少。作为一名优秀的员工更要以积极的心态寻找那些对企业大有帮助的创意，善于抓住那些一闪而过的奇思妙想。在我们的工作中不是缺少创意，而是缺少想象。

越来越多的管理者已经明确感受到墨守成规不会有较快或更大的发展，只有用敏锐的创新的眼光在变化中求生存，才有可能使自己立于不败之地。

你的创意多吗？勇敢地拿出来吧。

好口才也是一种能力

口才集中体现了一个人的思维和学识水平，也是个人总体素质的表现。在职场中，要想把自己很好地推销出去，得到老板的赏识和同事的肯定，为自我能力的展现开辟出一个很好的空间，良好的口才是不可缺少的。因此，表现出你的良好口才，把自己对人对事的态度清晰明了地表达出来，让别人知道并了解，这往往能收到立竿见影的功效。

张勇是一家进出口贸易公司的老总，以前，他并不重视对口才的训练，觉得那只是花架子，只要自己把工作做得很出色就可以了。他这样想，也是这样做的，连续五年他都是公司

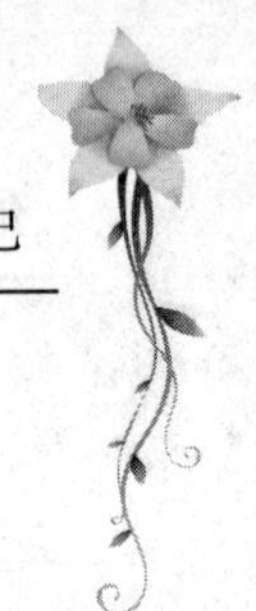

销售的冠军。很多人都说他为人低调，不爱在大庭广众之下发言，其实他是害怕当众说话。在他心里，也很羡慕那些在公众场合滔滔不绝的人，只是羡慕归羡慕，却并没有把它放在心上，更没有有意识地去提高自己的口才。因为在面对单一客户的情况下，凭借他广泛的专业知识就足以了。

可是当上经理之后，张勇经常被邀请出席各种各样的会议，很多会议都要他当众发言。有时候，张勇借故推脱，有时候让助理代替自己发言，可这并非长久之计，偶尔一次两次还行，次数多了自己都觉得说不过去。无奈之下，只好去参加了口才训练班，经过一段时间的学习，他终于也可以从容镇定地当众发言了。逐渐驾轻就熟的演讲，不仅扩大了他的人际关系网，还提高了他在业内的知名度，很多生意都是顾客慕名而来的。良好的口才也让张勇对自己更加有信心，踌躇满志、胸有成竹是同事对他最多的评价。

西方的一些国家，把“舌头、金钱、原子弹”称为当代最厉害的三大武器。诚然，随着经济的发展，人们要接受各种各样的信息，要进行越来越多的交流，如果没有一定的语言表达能力，注定就无法适应这种信息社会的生活。当今的职场上，

你不但要像老黄牛般去“默默耕耘”，还要像百灵鸟一样能说会道。

当然，并不是每一个人都是天生的演讲家，可以在任何场合发表讲话而不胆怯，但一个人良好的口才是完全可以通过训练培养出来的。

英国的前首相丘吉尔开始时并不是很善言辞，为此他常常徒步走三十多英里，去法院听律师们的辩护词，并且一边观察他们如何论辩、如何做手势，一边模仿。他见那些云游四方的福音传教士布道时，总是挥舞着手臂，回到家后也学他们的样子。另外，他还曾对着树林、玉米地练习口才。少年时的田中角荣患有口吃病，为此经常被同学们耻笑，但他却并未因此就被困难吓倒。为了克服自己口吃的毛病，练就一副好口才，他常常朗诵、慢读课文，为了确保发音准确，他就对着镜子纠正嘴和舌根的部位。后来，他正是凭借着从小练就的好口才，成为了日本的首相。

因此，如果你觉得自己说话的时候笨嘴拙舌，却又很想成为像那些口才好的人那样，能够在众人面前口若悬河，大谈自己的观点和见解，而不是躲在角落里，就从平时的言谈中开始

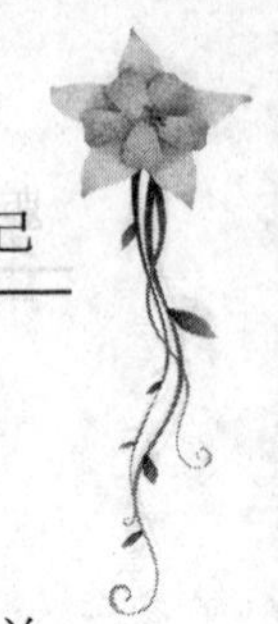

练习吧。或许开始的时候，你的发言并不是很理想，那也没关系，随着你口才的不断提高，效果会越来越好的。

那么，在平时该如何训练自己的口才呢？下面介绍三种简单易行而且效果非常好的训练方法。

1.速读法

这里所说的“读”，是指朗读，也就是用嘴去读，而不是光用眼睛去看。所谓的速读，也就是快速的朗读。这样做的目的，在于锻炼人的口齿的伶俐度、发音的准确度和吐字的清晰度。

方法：找来一篇演讲稿或文辞优美的散文。首先要做的，是把文章中不认识或弄不懂的字的发音、词的意思搞清楚，然后开始朗读。一般情况下，第一次通读的时候语速要慢些，然后逐次加快，一直达到你所能达到的最快速度。

2.复述法

复述法，简单点来说，就是把别人说过的话重复叙述一遍。

方法：可以选一段长短适宜并带有一定情节的文字，如小说或演讲词中叙述性强的一段，然后请朗诵较突出的家人或朋友先朗读，自己跟着模仿。为了方便，最好用录音机把对方的朗诵过程录下来，自己听一遍跟着复述一遍，如此多次反复，一直到自己能够完全把这段文字复述出来。这种练习方法绝不

是让你去背诵，主要是为了锻炼你的语言连贯性。如果在复述的时候能有人充当听众更佳，这样不但可以锻炼自己的胆量，更有利于克服紧张的心理。

3.描述法

描述法，就是把你所看到的景物、事件用语言描述出来。

方法：可以以一幅画或一个场面作为所要描述的对象。首先，对所要描述的对象进行细致入微的观察。然后试着用语言把自己观察到的描述出来。只是在描述的时候，一定要注意顺序，抓住景物的特点。

战国时期，苏秦以“合纵术”游说各诸侯国，让他们能够联合起来共抗暴秦，从而使自己身佩六国相印，被尊为“纵约长”；张仪以“连横术”游说秦王，使其拜自己为国相。其实，古今的道理是一样的，尤其是在当今的职场上，你要想实现自己心中的抱负，就必须表现自己，而好口才，是你的首选。

超强的执行力

执行力是指一个人把计划做的事情成功完成的能力，也可以指一个企业把一项目标落到实处的能力。超强的执行力是一个人更好完成工作的一个必要条件，也是一个企业生存发展必不可少的基础。执行力具体到工作中，就是不找任何借口，把工作落到实处，直到完成为止。

二百多年来，美国西点军校培养出了很多杰出的人才，培养了众多的著名军事家、跨国公司的CEO，而且有三位总统出自这里。西点之所以如此出色，和他的众多军规不无关系，其中有一条军规就是：“没有任何借口！”这条军规是西点军校

奉行的一条重要准则，它让每一个学员力尽所能达成每一项目标，而不是处处找借口，即便借口是合理的。

在工作中，如果职业人能奉行这一条原则，那工作成绩一定会非常出色。如果这种精神能影响到公司中的每一个人，那公司整体的工作效率就会成倍地增长。

西点新生入学后的第一课是学会回答长官的问话，只有四种回答：“报告长官，是”“报告长官，不是”“报告长官，没有任何借口”“报告长官，我不知道”。除此以外，不能有其他答案。

假如员工也是这样回答老板的问题，干脆、利落，而不是一堆理由和借口，这将是一个全新的局面。如果老板这样问会计：“这个月的报表做好了吗？”会计的回答应该是有或没有，而不应该是“没有时间”“我被什么乱七八糟的事情弄昏了头”等这些话语，因为这些都是给工作找的借口，老板要的是结果，不是喋喋不休的说辞，他只想知道你是否会做他交待的工作，他只想知道这项工作你是否已经完成，如此而已。很多时候，老板不是因为员工不会做某项工作而生气，他只是恼火员工为什么总是找一堆自己不会的理由。

工作没有任何借口在一些人眼中，似乎是绝对不公平的，

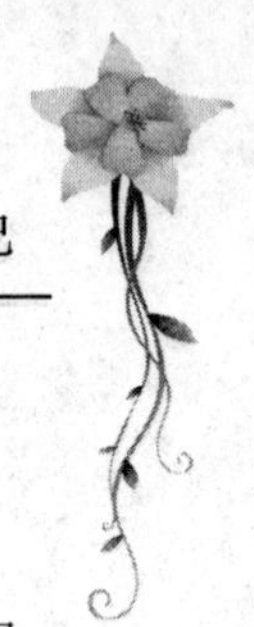

因为工作过程中必然会出现一些客观条件的限制，有些理由是非常充足的。西点这样的军规就是想要告诉学员，没有任何借口，就是要求你无论遭遇什么样的环境，都必须全力以赴地去完成。但如果失败已经产生，也必须没有任何借口地接受失败，因为执行没有借口，失败也一样没有借口。既然结果已经产生，那还要借口做什么。

在生活和工作中，借口会给我们带来太多的毒害，比如拖延就是一个找借口而带来的坏习惯。因为有很多借口，所以也就为工作的拖延制造了环境。如果人人都寻找借口，一个直接后果就是容易让人养成拖延的坏习惯。细心观察，我们很容易就会发现在每个公司里都存在着这样的员工：他们每天看起来忙忙碌碌，似乎尽职尽责了，但是，他们把本应一小时完成的工作变得需要半天的时间甚至更多。因为工作对于他们而言，只是一个接一个的任务，他们寻找各种各样的借口，拖延逃避。这样的员工会让每一个人头痛不已。借口不仅会让人拖延，还会让他们躺在以前的经验、规则和思维惯性上舒服地睡大觉。这其实是为自己的能力或经验不足而造成的失误寻找借口，这样做显然是非常不明智的。借口能让人逃避一时，却不可能逃避一世，没有谁天生就能力非凡，正确的态度是正视现

实，以一种积极的心态去努力学习、不断进取。频频给工作找借口的人不可能得到别人的信任，因为他们有很多无法克服的困难，老板也无法安心地把工作交给他们去做。

要想表现出自己超强的执行力，就不要在工作中寻找借口，这是一种精神，一种以最高的标准来要求自己的精神，也是想要成为一个优秀员工应该有的精神。这代表着一种全力以赴完成工作的精神，如果我们不找借口，远离借口，摆脱借口对工作拖延的影响，就能给自己增添无穷的力量和信心，这才是一种完美的执行能力。只有拥有这种执行力的员工，才能得到老板的信任，也才能为自己的个人发展开辟出更好的局面。

营造自己的影响力

美国著名的《财富》杂志曾对“影响力”归纳了以下四个意思：

第一，影响力是看不到、摸不着的，只有它的影响或效果可以感觉到。

第二，不论是名人、伟人，甚至是普通人，每个人都拥有可以影响他人的力量。

第三，影响力来自不同的方面，一些有智慧的人有能力影响那些拥有权力和地位高的人，有的人似乎更胜一筹，他们改变了大众的行为方式，他们是作为颠覆者的角色的创建者。

第四，影响力与影响力之间的关系是相互作用的。

其实人人都有着自己的影响力，只是大小不同罢了。随着环境和自身因素等的改变，我们的影响力也会发生变化，它可以越来越大，也可以越来越小。

而作为个体的芸芸众生，要想不一直以人家的马首是瞻，要想不被埋没，只有把自己的影响力发扬光大。哪怕是一株无名的小花，你也要让它开出绚丽的花朵，吸引住人们灵动的眼球；即使是零星的火种也要燎原成熊熊大火。细观一下，有多少的英雄豪杰曾经是默默无闻，甚至忍辱负重，最后他们对生活进行了深入的思考，改变了自己，才有了自己的一片天地。在同等条件下，要想让自己脱颖而出，就要营造自己的影响力，一旦获得同仁的帮助、高人的赏识以后，你的成功，你的影响也就变得轻车熟路了。

俗话说，时事造英雄。在21世纪这个个性张扬的时代，卓越人物为自己造势而彰显影响的大有人在。为了培养消费者对产品的忠诚度，企业往往会通过塑造品牌来扩大知名度。人也是这样，如果你想在人群中施加你的影响，首先也要塑造自己的个人品牌。只要你有足够的自信，致力于自己的个人品牌的塑造，肯定就会成为一个很有影响力的人。

一些成功的人物，总有自己独特而又有魅力的个性，他们的一颦一笑都会给人们留下深刻印象，甚至有一些成了一些人们刻意模仿的对象。其实这些都是个人魅力的体现，也是自己独有的个人品牌。

毛主席在延安时常穿着朴素的冬棉衣，一口浑厚而亲切的湖南乡音，吃着又辣又香的红辣椒，就着一小碟咸菜，打牙祭的时候，来上一碗红烧肉……这就是毛主席独特的个人形象。这一形象在人们的心中永远地扎下了根。

即使作为一个普通人，也要有自己的品牌意识，就像一个企业可以通过塑造产品，达成企业的成功，成为消费者竞相购买的对象那样。

人们常说人往高处走，水往低处流。一个有理想有抱负的人决不会长久地守着自身单调而又乏味的工作，总会想着为自己创造出一些成绩，让自己有一些进步。如果你也想这样，你就很有必要树立自己的个人品牌。因为在这个合作至上的时代，如果不能吸引自己的合作伙伴，不能集众人之力、不能集众人智慧为自己发展的人一定不会有太大的发展。

要想营造出影响力，光塑造自己的个人品牌还是不够的，还必须在业界能听到自己的声音，只有这样，你的形象才可以在大庭广众之下，在人们的心目中留下根深蒂固的印象，你的

一言一行才会成为别人的榜样。

一个有成就的人，必定有一定的影响力，如何使自己的这种影响力长盛不衰呢？俗话说，得江山容易，坐江山难。要想做到使自己的影响力不衰竭，就必须从自己的强项开始，从自己的独特能力开始，要持续地保持自己在事业中的优势地位。要让大众一看到某些有特征的东西，就能立刻想到你在主管这一块，或者说你对这一块有着独到的研究。关键的一点就是你要在你所从事的领域经常保持自己出人头地的形象，充分地施展自己的才华，发扬自己的亮点，把你的特质留给大众。

另外一个营造个人影响力的方法就是敢于向权威挑战。这是一个迷信权威的时代，在大众的眼里，那些大人物经过论证的东西永远具有很强的权威性，永远被认为是真实而正确的，永远具有很强的杀伤力。甚至连他们说过的话，都被人们所津津乐道，往往当做真理一样去对待。可也正因为如此，你完全可以通过反驳权威的一些错误之处，来营造自己的影响力。

有一次，日本音乐指挥家小泽征尔参加欧洲的音乐指挥大赛，在大赛中，一个又一个的选手指挥完毕，最后一个才轮到他表演。这时大赛的评委交给他一张比赛的乐谱。在他应对自如地指挥演奏时，他忽然发现乐曲中有瑕疵之处，刚开始他以为是演奏家们

弄错了，就让乐队重新演奏一次，但仍然觉得有不和谐之音。

于是小泽征尔提出自己的疑问，那些享誉世界音乐圣坛的评委们一直声称乐谱没有问题，是他产生了错觉。面对这些德高望重的评委们，他不得不又对自己的判断重新思考了一番，经过再三的斟酌考虑之后，小泽征尔仍然坚信自己的判断是准确无误的。于是他大声说：“不，一定是乐谱错了！”评委们听完之后，立刻爆发出了一阵热烈的掌声。实际的情况是评委们精心设计了一个“埋伏”，用以试探各位指挥家在发现了乐谱错误之后，是否还能坚持自己的判断。

很多人之所以不能取得成功，就是因为他们容易被一些客观环境所左右，相信权威做出的东西，而不敢提出自己的见解。其实，权威也是人，他们总结出来的东西，也并不都是十分正确的，这时，除了我们要张大一双慧眼外，还要有一定的自信，大胆地面对权威，拿出自己的独特见解。

有一位伟大的哲人说过：“有的人坚持自己的方向，推翻了一个权威，最后自己成了权威。只是在向权威挑战之前，自身必须具备挑战的可能性，虽然说在权威面前掉下马来并不是什么耻辱的事，但一个小丑的形象还是不利于塑造自我影响力的。”

第六章

表现才有更好的自己

了几天，这位新员工又擅自使用别人的洗面奶等化妆品，被同事看见后，同事生气地质问她："你怎么可以随便用别人的东西？"可是这位新人竟然一点儿没有羞耻感，理直气壮地回答："我以为是公用的，就使用了。"同事听后，气得是一肚子火。从此以后，同事们的物品上都贴好名字，免得私有物品再被当作公用品使用。也是自从这件事情之后，公司没有一个同事愿意跟这位新员工说话。

过了没多久，这位新人自己也感觉到公司气氛异样，很自觉地申请了辞职，理由是不适合该岗位，但实际原因大家都很清楚。

有行动才有表现

实践是检验真理的唯一标准。其实，这一哲学命题放到我们的日常生活中，也是很准确的。无论一个人要实现什么样的目的，都必须落实到行动中去，才有可能使其成为现实。若只是每天在头脑里计划着，而从来不去行动，再美好的蓝图都只能是海市蜃楼。高楼大厦是由工人一砖一瓦砌起来的，实际的劳动让它们平地而起。同样，表现自己也必须落实到行动中。每天对着自己喊口号，或者暗自下定决心要表现自己，可实际上却从来没有这样去做，这无异于毫无表现。

美国著名作家赛瓦利德曾向人说自己写作能力超凡，六个

月之内就可以完成一本书。很多人听了都不相信，认为他是在吹嘘自己，可谁知六个月之后，赛瓦利德果真把书写出来了。那么，他是如何在这么短的时间里完成这本25万字的书的呢？对此，他自己说："当我说要写这本书的时候，就已经开始把它变成实际的行动了。在写作的过程中，我想的不是下一页或者下一章要如何去写，而是下一段我实际去写的是什么。整整六个月里，我所做的就是把我的这种想法付诸行动，将其变成文字。就这样，书自然而然就写完了。"

世界上没有任何人可以靠夸夸其谈获得成就，任何成就都需要付诸行动，都需要亲历亲为。这是成就事业的基础，也是做人的原则。不要妄想没有付出就会有收获；不要寄托于无知的空想；永远都不要做语言上的巨人，行动上的矮子。如果你已经具备了知识、能力、良好的态度和成功的方法，请立即采取行动，好好地利用你的这些资源，只有这样，你的那些对未来的美好憧憬，才会在不久之后成为你眼前的真实存在。

哥伦布在求学时，偶然读到一本毕达哥拉斯的著作，在书中有一个"地球是圆的"的论点引起了哥伦布的兴趣，他就牢记在心里。经过长时间的思索和研究后，他大胆地提出，如果

地球真是圆的，他便可以沿着最短的距离到达印度。

当时，许多自以为知识渊博的哲学家都不赞同他的想法。在他们看来，哥伦布简直就是一个疯子。因为想向西行驶而且以最近的路线到达东方的印度，根本就是不可能的，地球不是圆的。他们告诉他："地球不是圆的，而是平面的。"然后又警告他，若是一直向西航行，他的船将驶到地球的边缘而掉下去。

然而，哥伦布对"地球是圆的"这一观点很有兴趣，他坚持认为自己的想法可以得到证明。但他家境贫寒，为了证明自己的想法，他想找赞助者资助他完成这趟旅程。他等了17年，但最终还是失望了。最后，他去拜见皇后伊莎贝尔。伊莎贝尔十分赞赏他坚持理想的勇气，因此答应赐给他船只，让他去证明自己的理论。

不过令哥伦布更加为难的是水手们都怕死，没人愿意跟随他去冒险。哥伦布只好鼓起勇气跑到海边，捉了几位水手，用尽各种手段逼迫他们跟自己一同前往。同时，他又请求女皇释放那些狱中的死囚，让死囚们也跟着他一同去探险，并承诺他

们如果此次冒险成功，就可以赦免他们的死罪，让他们恢复自由。待一切准备妥当，1492年8月，哥伦布率领三艘帆船，开始了一次划时代的航行。

刚航行几天，就有两艘船沉了，接着又在几百平方公里的海藻中陷入了进退两难的险境。最后哥伦布亲自下海，拨开海藻，才得以继续航行。接着，在浩瀚无垠的大西洋中航行了六七十天，也不见陆地的踪影，水手们绝望极了，他们要求哥伦布立刻返航，若哥伦布执意前进，他们就要把哥伦布杀了。无奈之下，哥伦布只好使出鼓励和高压两种手段，才总算说服了那些实际上非常恐惧的船员们。就在最困难的时候，哥伦布忽然看见有一群飞鸟向西南方向飞去，他立即命令船队改变航向，紧跟着这群飞鸟。因为他知道，海鸟总是飞向有食物和适于它们生活的地方，所以他预料附近可能有陆地。

就这样，哥伦布发现了美洲新大陆。

哥伦布最终成了探险英雄，从美洲带回了大量的黄金珠宝，并得到了国王的奖赏，以新大陆的发现者名垂千古，这一切都是行动的结果。

比尔·盖茨曾对他的员工这样说："想做的事情，立刻去做！"事实上也的确如此，一次行动胜于千百次胡思乱想和语言的夸大其词，成就大事的关键在于行动。如果你只想依靠外物来获得成功，那几乎是不可能的；如果已经有了很好的想法却不去做，甚至稍微慢一点qt ，这个想法就可能被别人变成了现实。在现今这个竞争激烈的职场中，只有在行动中表现自己，才能获得更为有利的位置，把握住一个个转瞬即逝的机会，实现自己的价值，成就自己的人生。

有个落魄的中年人经常到教堂祈祷，每次他都对上帝这样说："万能的主啊，请念在我多年来敬畏您的份上，让我中一次彩券吧！阿门。"

几天后，他又垂头丧气地回到教堂，同样跪着祈祷："上帝啊，为何不让我中彩券？我愿意更谦卑地来服侍您，求您让我中一次彩券吧！阿门。"

又过了几天，他再次出现在教堂，重复着同样的祈祷。如此周而复始，从未间断过。

终于有一次，他彻底失去信心了，跪着说："我的上帝，为何您不聆听我的祈求？让我中彩券呢！只要一次，让我解决

生活上所有的困难，我愿终身奉献，专心侍奉您……”

就在这时，圣坛上空传来一阵宏伟庄严的声音：“我一直聆听着你的祷告。可是，最起码你也该先去买一张彩券吧！”

只有在行动中才能塑造更好的自己，也只有在行动中才会有更好的表现。也许你现今的生活是平淡而乏味的，没有关系，只要你能马上行动起来，把自己的能力尽量地施展出来，你的人生就会在今天变得与众不同。

逆境中更要表现自己

人的一生不可能总是一帆风顺，因此当身处逆境时，更应该积极地表现自己，表现出你战胜逆境的决心，表现出你的不屈不挠，表现出你对理想的坚持。可是在现实生活中，很多人就是缺乏这样的一种精神，每当遇到困难就变得一蹶不振，甚至觉得整个世界都因为自己的受挫而灰暗了。由于他们不能从逆境中看到希望，也就谈不上积极地利用尚有的资源去扭转败局了，而他们的人生，也就因此而失去了绮丽的色彩。

这样的人从来没有想过，虽然今天自己受挫了，可明天的日子还是要继续下去，与其躲在角落里哀叹自己的命运不济，

不如快速地行动起来，总结失败的经验和教训，以顽强的意志力战胜逆境，开创出一片全新的天地。只有这样，明天的日子才会依旧是属于自己的。

司马迁因为触怒了汉武帝，被施以宫刑。残酷的打击令他想到过去死。但是当他想到父亲临终时的嘱托，又打消了这个念头，而是把痛苦和耻辱深埋在心底，重新振作精神，在狱中倾尽毕生的心血发奋著书，终于完成了《史记》这本皇皇巨著。司马迁当时的处境是我们无法想象的，如果只因一念之差选择了轻生，或许他会因此而减轻很多痛苦，但他的才华也就随之消失了。在那种悲愤、痛苦的心态和环境下，他以忍辱负重的顽强意志成就了自己的才华，也为后人清晰地了解历史做出了贡献。

纵观人类的历史，我们很容易就能发现这样一个现象：那些能够青史留名的人，都是战胜逆境，在逆境中勇于表现自我的人。可以说，正是逆境成就了他们的不凡。诸葛亮出山辅佐刘备时，刘备正被人赶得到处逃窜，手下兵不满千人，将不过关羽、张飞、赵云三人。康熙初登大宝时，面临着三番割据、鳌拜弄权的不利局面。

其实，对于一个想要有所作为的人来说，很多时候更应该

感谢逆境，因为逆境为他们提供了更广阔的施展自己能力的空间。在职场中，每个人都可能遇到这样那样的困难，工作压力大，屡屡跳槽不如意，升迁被排挤等，可尽管如此，也不应该就此消沉下去，人生会在一千次跌倒之后的一千零一次的站起中变得与众不同，要相信自己的表现能够改变现状。

无论是在工作还是生活中，如果一点儿小小的困难就能把你打倒，让你变得怨天尤人，只是一味地埋怨环境太糟、困难太大、机遇不好，却从未曾试着用努力去改变这一切，那这种抱怨将充斥你人生的方方面面，还会伴随你的一生，使你终究一无所成。反观古往今来那些卓有成就的人，在面对逆境时，他们是怎么做的呢？可以说，他们无一不是用逆境来磨自己的剑，拿失意来祭自己的旗，并以此来鞭策自己，激励自己，永不言败，自强不息。文王拘而演《周易》，仲尼厄而作《春秋》，左丘失明而著《国语》，屈原放逐而赋《离骚》，孙膑刖足而传《兵法》十三篇。还有东坡被贬黄州，将失意放在一边，踩在脚下，吸天地之灵气，得山川之厚赠，写出千古不朽的前、后《赤壁赋》和《念奴娇·赤壁怀古》。

人生中谁都不可避免地会碰到挫折，但一定要相信这只是暂时的，是一定可以战胜的。而且，说不定这是上天专门给你

的机会，“天将降大任于斯人，必先苦其心志，劳其筋骨”，只有经历过暴风雨之后的天空，才会挂上瑰丽的彩虹。

有个快递公司的年轻人乘飞机去别的国家送邮件，当飞机飞到大海上时，突遇风暴，顿时飞机失去控制一头栽到了海里，其他的人都死了，只剩下他还活着。

他游了很久始终看不到岸，这片茫茫大海，前看不见头，后看不见尾，后来他被海浪冲到了岸边，睁开眼一看却是一个荒无人烟的小岛。上面除了有很多的椰子树，其他的就什么也没有了，连一个动物都没有，更别说人了。

一下子难以接受现实的他过了很长时间才反应过来，但他还是报着一线希望。他看到那些邮递的物品，于是打开来，用它们砍树木取火，制造工具。

这位当代的“鲁宾逊”，每天都翘首看着海上，希望有船来将他救出这个荒无人烟的小岛。然而，很不幸，他盼星星盼月亮，就是没把船盼来。

岛上没有吃的也没有喝的，在最初忍了几天之后，他再也受不了了，于是他想到喝椰子汁，找螃蟹吃，这样勉强可以支撑一下。

他的心理开始崩溃了，一想到自己以后要在这个荒岛上度过余生，他就一阵恐惧。当想到自己或许再也见不到自己心爱的妻子和孩子了，他简直快要发疯了。好在他还随身携带着家人的照片，这让他决心要寻找回去的路。

于是他开始砍伐树木，造船。他不分白天黑夜地干活，为的是在涨潮前出发。后来船造好了——那是一艘用树干拼起来的只有底板的简单船只，上面只能容下他一人。他在海上颠簸了整整两个月，有好几次差点被海浪打进海底，还有几次差点被鳄鱼吞噬，他顽强地与大海搏斗着，终于靠着坚强的毅力渡过难关。

世界是公平的，它不会让你永远在逆境中挣扎，而不赐予你走出逆境的道路。巴尔扎克在自己的手杖上写着：“我能战胜一切困难。”他之所以会成为举世闻名的大文豪，就是凭借着这种坚强的信念。逆境并不可怕，关键在于你以一种什么样的态度来面对。

如何在面试中表现自己

职场中的人，换工作是一件很正常的事情，而面试作为求职过程中的一个重要环节，就尤其显得重要了。很多人之所以屡屡跳槽而屡屡不满意，很大程度上就是没有把握好面试这个环节。可以说，如果在面试中表现出色，甚至可以弥补笔试或者其他方面的不足，如学历、工作经验等。当然，面试也是具有相当大的难度的，尤其是对于那些渴望跻身于白领一族的人们来说，因为缺少面试的经验，常常会成为最令他们头疼的一道难关。

能否应聘到自己梦想中的公司，在很大程度上决定于你在面试中的表现。那么，在面试中该如何表现，才能给用人单位一个得体干练的感受呢？

1. 不要迟到

如果你在面试时就迟到，肯定会给用人单位留下时间观念差的印象。因此，最好在面试前十几分钟到达，这样不但能给对方一种好印象，还能稳定一下自己的情绪。

2. 切忌形象邋遢

面试中的第一印象非常重要，干练稳重的仪表，绝对会为你的面试加分。在面试前的晚上最好早些就寝，以得到充分的休息，保证第二天精神饱满。另外，最好穿上你最满意的衣服，这样可以增强你在面试时的信心。

3. 注意说话方式和举止

在面试中你所讲话的内容固然重要，但考官们往往更注意你的说话方式和举止，并且以此作为判定你是否适合这份工作的基础。因此，在面试前要与考官握手，微笑着直视他的眼睛；面试时轻松自在地坐在椅子上，而不要像陷在椅子里；面试结束后，要热情地与考官握手道别。

4. 不要开玩笑

在这样的一个场合里，千万不要自认为幽默地开玩笑，这样只能会弄巧成拙。

5. 要注意细节问题

面试就像推销商品一样，推销的商品就是你自己。因此，千万不要期望可以用相同的言行来应付所有的考官。在面试前，你最好拿出随身携带的笔和记事本，记录下整个面试过程的要点，对于细节更要重视。每个考官的性格都是不一样的，你需要灵活、诚恳而又正确地回答他们提出的所有问题。

6. 失礼是面试失败的重要因素

没有任何一家公司愿意聘用粗鲁、懒散的员工。因此，在面试时要表现出你的礼貌，例如进办公室之前先敲门；走进室内后，随手轻轻地把门关上，微笑着向考官打招呼；尽可能记住每位考官的姓名和称谓，面试中要保持着一种认真、谦虚的态度；面试结束，要起立、道谢，微笑着说再见。

7. 学会用其他优势弥补自己的不足

应试者首先要明白，良好的背景并不是你得到这份工作的决定条件，比起这些来，用人单位更愿意聘用那些利用技巧使他们心服的人。因此，如果你不符合招聘条件，也没有相应的经验，就一定要学会推销自己，利用自己在其他方面的优势来

弥补自身的不足，如组织性强、工作勤奋、有着很好的与人沟通的能力等。另外，自始至终你都要保持着对这项工作的热爱之情。

8. 把握好最初的三分钟

面试经验丰富的人，大多会察觉到这样一个情况，就是是否聘用你，考官其实在最初的三分钟内就已经做出决定了。这些你可以从考官的言谈和举止中看出来，三分钟之后的测试，差不多都是在敷衍。如果经过三分钟的测试，考官仍然对你兴趣不减，那最少能够证明他们尚未做出是否聘用你的决定，也就是意味着你被聘用的可能性很大。

9. 要表现自己最优秀的一面

要在适当的时候，从容不迫且有效地回答任何问题或补充答案。有自信是好事，但若表现出了自负的情绪，就会让人觉得你只会开空头支票，而没有实力。不要过于注重薪水、年假与员工福利这些事项，虽然对于一个员工来说这很重要，但在初次见面时，应当尽量避免不要谈论这些敏感的话题。

10. 要有察言观色、随机应变的能力

针对不同考官提出的不同问题，要学会察言观色，能够随机应变，从而给出不同的正确的答案。

李刚29岁，现在已经是一家公司的销售经理了。对于面试时该如何表现自己，他是这样说的：“在我参加的多次面试中，我认为此时一个人的判断能力很重要。因此，在面试的时候，我都会主动向考官询问一些有关他自己和招聘单位的情况，如果觉得这个职位确实是我感兴趣的，我会立刻根据自己现有的实力来判断这个职位自己是否能够胜任；还有一个必须尽快作出判断的是，当见到考官后，应该以极短的时间判断出他属于什么类型的人，然后再考虑如何与他接触。就拿我最近的一次面试来说吧，考官是一位美籍华人，在海外生活多年，因此提出的问题都很直接。于是，我也就实话实说，优点多谈一些，缺点淡化一些，只要不让他觉得里面水分太多就行；关于薪水等问题，期望值要说得高一些，一则他对这方面不会太斤斤计较，二则他会因此认定我是一个对自己要求很高的人。假如遇到的考官是一个长期居住国内、思想比较保守的人，我就会在言谈上含蓄、谦虚一些，以此让他在心理上得到平衡。另外，我认为在面试前，最好不要左思右想太多，这样反而会影响在面试时的表现，面试其实也是生活的一个缩影，只要做到不怯场、自信、自然、放松，见什么人说什么话，成功的把握是很大的。”

顺利度过试用期

对于刚刚走上工作岗位开始工作的大学生而言，“试用期”是一个起步的阶段，也是一个打基础的过程，它不仅影响你在这家单位的职业道路走向，甚至也影响着你的职业生涯。

“试用期”是指你在该单位寻找、磨合、塑造和确立相对稳固的“位置”的过程，也是你和单位互相考察的过程。处于试用期的你还没有真正融入单位，单位里还没有真正被认可的属于你的“位置”。而且，单位里没有人真正认识你，也许一部分人都没把你当回事，还有一部分人对你保持警惕，更有人等着看你的笑话或是寻机对你实施打击。那些理解你、同情你

甚至支持你的人能否出现，你能否保住这份工作，除了好运的眷顾外，就要看你的努力了。

试用期间，单位多用审视的眼光和怀疑的心态来面对新人。单位对新人的一言一行特别敏感，即使是无关痛痒的小错，也会引发单位对你能力、心态和个性等方面的联想，尤其是负面的联想。新人在单位的局面就像如履薄冰、如临深渊，踏错一步都将铸成大错。因此，特别要注意自己的一言一行。下面是一些建议，可以作为帮助你顺利度过试用期的参考。

1. 忌夸夸其谈

毕业生刚开始走向工作岗位，可能比前辈有着更新的知识背景结构，对事物有着更新的看法，但多处于纸上谈兵阶段，没有实战经验。公司招聘新人，目的是为公司创造价值，并不是听人说教，脚踏实地地干出成绩才是最重要的。

小黄大学毕业后，进入一家私营企业。他是学市场营销的，人也机灵，满脑子新观念、新理论。当初面试的时候，这家企业的老总也正看好他这点，希望他给企业注入新活力，带来新思想。

刚到单位，小黄虽然还是个新人，但他却开始了自己的“传道授业”。试用期间，凡他参加的会议、讨论、策划等活

动，都少不了他头头是道、滔滔不绝地演讲。

开始的时候，同事们还真觉得小黄知道得很多。慢慢接触后发现，小黄的本事似乎就在嘴上。在公司对产品进行营销时，如何把小黄说的新方法用上，他从来没提过。

试用期结束的时候，人事部对小黄进行考核。这一个月内，他一份完整的方案、计划都没有拿出来过，没有一条意见和建议被真正采纳。结果，小黄成绩不合格，企业与他解除了合同。

小黄犯了大学生在工作初期最容易犯的错误，就是夸夸其谈，只说不做。他们比前辈有着更新的知识结构和背景，有着更新的理念，但没有实战经验，这就造成他们常夸夸其谈，做起事来却眼高手低，这是职场中的大忌。

2. 忌自作主张

大学生刚刚从大学校园走向工作岗位，还保留着在大学里的那种处事风格。遇到问题总是迫不及待地把自己的创新想法说出来，希望得到大家的认可，这样就会给周围的人一种好大喜功、喜欢张扬的印象，不利于自己今后的发展。要知道，真正有能力的人体现在做事情上，而不是在说话上，工作业绩才

是最好的证明。初涉职场，最好能找到职场中的良师益友，他们具有良好的业务能力和为人处世的能力，对领导者的决策也会产生一定的影响。在他们的指导下，你将会受益匪浅。

比如，你刚到一家比较知名的媒介企划公司，公司看中了你在大学期间的兼职工作经历，于是很快交给你一项比较重要的媒介企划案，此时你该如何做？有些新员工可能就会不知所措地阵脚大乱，产生一种未有过的内在恐惧感，但是又不敢告诉领导，害怕暴露自己的浅薄和无能，最终硬着头皮连天加夜地干，结果是可以想象的。

失败，对于任何人来说都是一种打击。对于新手来说，不仅是打击，更会造成难以抹去的心理阴影。为了避免失败的发生，一个人就要有“站在别人肩膀上”的意识。在你接到这个企划案之后，首先要做的就是通览背景资料，做到心中有数，然后就是找公司里精通媒介企划的高手，向他请教，请他们提出建议，尽量获得他们的帮助。同时还要和有关同事进行沟通，最后到你的上司领导那里交流你从同事那里总结的企划思想，获得领导的支持和指导，撰写企划案。相信，经过这种种努力，你一定会出色地完成这个任务。

3. 忌不懂装懂

大学毕业生是职场新人，没有工作经验，在工作中遇到不懂的地方是很正常的事情，这个时候就要“不耻上问”，不要“不懂装懂”。

小英是河北人，因为男朋友在北京工作，所以也跟着过来打工。学财会的她在北京找了一家货运代理公司的财务工作。小英上学的时候成绩就很不错，做事也很认真，因此她一进公司就受到了重用，先是在深圳总部培训了一个星期，试用期不到一个月就开始负责北京分公司的全部财务工作。

因为小英刚参加工作，有很多事情还都不了解。而且会计这项工作，其实际操作内容跟书本差距很大，虽然工作已经有两个星期了，小英还是有很多问题不懂。

刚开始的时候，小英不好意思问，担心别人看不起她，觉得自己笨。但教她业务的张姐告诉她，不懂要问，做财务如果出了错后果可就不堪设想了。小英觉得这句话很对，于是她一直铭记在心。遇到不懂的问题，就向其他有经验的人请教，而且每天拿出一定的时间来充电。虽然很累，但小英觉得这是学习的好机会，也是自己的一个成长过程。

因为小英的努力和认真负责的态度，三个月过后，小英顺利地度过了试用期，正式成为公司的一名员工。

4.忌抱怨，发牢骚

有些人刚开始工作时充满激情，对自己抱有很高的期望值，可是一旦在工作中遇到困难或是遭遇挫折与不公正待遇的时候，往往就会产生不满并开始发牢骚、抱怨，希望以此引起更多人的同情，吸引别人的注意力。其实，这是一种正常的心理自卫行为。但这种行为会削弱员工的责任心，降低员工的工作积极性，在团队中造成不好的影响，如果让老板发现，将会对自己产生极为不利的影响。

丁力是一家汽车修理厂的修理工，刚开始工作的时候，他就开始喋喋不休地抱怨："修理这活太脏了，瞧瞧我身上弄的；真累呀，我简直讨厌死这份工作了……"每天，丁力都在抱怨和不满的情绪中度过。他认为工作对自己来说就是煎熬，自己就像是个奴隶在不停地卖苦力。所以，丁力总是关注着师傅的行动，一有空隙，他便偷懒耍滑，应付手中的工作。

转眼三个月试用期过去了，当时与丁力一起进厂的工友，各自凭着精湛的手艺，得到了老板的重用，有的升迁，有的被

公司送进大学进修，而丁力，则在抱怨声中继续着自己的修理工作。

在工作中，有一些人虽然受过很好的教育，并且也有能力，但在公司里却长期得不到升迁，主要原因就是因为他们不愿意自我反省，总是对工作抱怨不止。这一现象，在一些刚走出校园进入社会的人身上尤为突出。一些大学生刚参加工作，就对工作环境不满意，喜欢和同事抱怨、发牢骚，结果还没有过试用期，就被老板辞退了。

5. 忌随随便便

老板常常会说：“大家一起共事就是一家人了！”以公司为家是老板建立团队精神的一种策略。事实上，职场规则无处不在，哪能真像家里那么随心所欲?

国有国法，家有家规，公司也有公司的规章制度，切勿任性行事。职场规则有成文的，也有不成文的，需要你自己去摸索和了解。一旦你鲁莽轻率行事，忽视规则的存在，就要为自己的行为埋单，严重的甚至影响到你的事业和前程。

有一位新员工，第一天进公司，就毫不介意地对身边的同事说：“哎，电脑借给我用一下！”还没等同事做出回答，就把电脑抢过去使用了，同事看着她这一举动长久无语。隔

了几天，这位新员工又擅自使用别人的洗面奶等化妆品，被同事看见后，同事生气地质问她："你怎么可以随便用别人的东西？"可是这位新人竟然一点儿没有羞耻感，理直气壮地回答："我以为是公用的，就使用了。"同事听后，气得是一肚子火。从此以后，同事们的物品上都贴好名字，免得私有物品再被当作公用品使用。也是自从这件事情之后，公司没有一个同事愿意跟这位新员工说话。

过了没多久，这位新人自己也感觉到公司气氛异样，很自觉地申请了辞职，理由是不适合该岗位，但实际原因大家都很清楚。

光努力还不够

过去一直提倡的老黄牛般埋头苦干的精神，确实是一个人尽职工作的体现，可是在现今的职场中我们却发现，这样的人很难得到重用。为什么呢？难道一个企业需要的不就是这样的员工吗？诚然，像那些只会耍嘴皮子，说起来花团锦簇，坐起来一塌糊涂的人，西洋镜总有被戳穿的一天。因此，我们不提倡员工以这样的一种态度来应付工作。不过我们也同样不提倡只知道埋头工作，从不知表现自己的工作态度。理由很简单，一个公司，尤其是大公司，员工那么多，如果你只是默默无闻地做着自己的工作，就像开放在山谷里的野菊花一样，怎么可

能让老板闻到你的香味呢？你又怎么可能得到重用？因此说，一个优秀的员工，他不但是一个对工作极度负责的人，也应是一个善于表现自己的人。

现实中我们经常会看到这样的情况：有些人努力工作，可以说为公司的发展尽了很大的力，也付出了很多，可一旦遇到升迁、加薪的好事，却往往没有这些人的份儿；而有些人与前者比较起来，显然没有付出那么多的精力，可是却总能得到老板的赞赏、同事们的羡慕，而且他们生来好像就是升迁、加薪这类好事的专业户。之所以会出现这种情况，就是因为后者懂得在工作中表现自己，从而引起了老板的关注。

要想让老板注意到你的工作成绩，首先你就应知道老板对你工作的要求是什么。这并非是一种偷奸耍滑的表现，当老板把工作交付给你，要想把工作很好地完成，就一定要明白老板对这件工作的要求，这是做好一件工作的基础。何况你知道了老板对工作的要求，也就知道了工作的方向，这本身就有利于更好地开展工作，总比自个儿在那里瞎子摸象要好得多吧！

段美在一家娱乐性质的网站工作，从开始策划网站，到最后的网站上线，所有的工作都是她一个人完成的，对于商业活动繁忙的老板来说，把这么大的一个网站策划建设工作交给一

个经验不是很丰富的小姑娘来做，的确是没有太大把握能够成功，但是结果却让老板大大意外，对于老板说过的策划网站的目的以及主要的框架建设，段美都重新根据市场的要求进行了相关的资料搜集，对同类性质的网站进行了分析，不但领会了老板的意图，还在此基础上对相应的页面进行了开发。网站做出来之后，访问量不断攀升，推广没花多少钱就人气很旺。老板因此对段美刮目相看，不断加薪，并将她升任为网站的主编。

想要在一家公司里有所发展，光说不练或者只练不说都是不可取的，只有在努力工作的基础上，想办法让老板明白你的工作创意，知道你的工作结果，才是正确的做法。另外，在工作中还要注意与老板多沟通，比如可以正式找老板面谈，或定期发E-mail向老板汇报自己的工作进程和结果，还可以在会议上适当发言，讲述一下自己在工作中取得的成绩。

这样与老板进行及时、准确、有效的沟通是非常必要的。必须要明白，把自己遇到的困难和需要老板协助解决的问题一一列出来，这绝不是表示你的工作能力不够，而是为了更好地完成工作。其实老板也想了解你的工作进度，尤其是当他把一件重要的工作或项目交给你时，他需要由此来确定公司整个

大局的进度。当然，在汇报工作的时候，必须确保你的汇报是准确、有效的，更不要有情绪化的抱怨。

另外，跟老板沟通还必须找个适合畅谈的场所，还要选择好时机。当你的情绪有波动的时候，切不可找老板去汇报，同时还要注意老板的情绪。在沟通的过程中，要尽量营造出一种随意自然的气氛。还有，如果与老板谈话的内容可以公开的话，最好也让你的部门主管知道。因为很多时候，你的顶头上司决定了你在公司的发展。

当自己的工作业绩得到了老板的肯定和表扬时，你一定要表达出自己对老板的感谢之情，让他知道，是他给了你这样一个表现自己能力的机会，并且还在工作中给予了很大的帮助。这并不是奉承，而是让老板知道，你不是一个忘恩负义的人，你知道自己的每一点进步都与公司的培养密不可分。感谢的同时，你还应该诚恳地说出自己的缺点和不足之处，并希望老板能够继续对你严格要求，帮助你更上一层楼。只有把老板放在一个帮助人的位置上，他才乐于竭尽所能地为你提供更多的机会。

诚然，一个人要想在职场上获得更好的实现自我价值的空间，就必须努力工作，进而更好地提高自己的能力，增加自己的经验。但是，老板对你的认可程度，在一定情况下直接影响

着你自身价值的体现。因此，光知道努力工作还是不够的，必须要在适当的时候，让老板注意到你的工作成果，让他明白你对于公司发展的重要性。当然，让老板注意到你，并不是说自己要一天到晚在老板面前晃悠，这样反而会让老板觉得你不专心于工作，只会做表面文章。